国家出版基金项目
NATIONAL PUBLICATION FOUNDATION

主　编　张宗亮
副主编　刘兴宁　袁友仁

大国重器

中国超级水电工程·糯扎渡卷

征地移民创新技术

朱兆才　李红远　唐良霁　薛　舜　鲜恩伟　等　编著

中国水利水电出版社
www.waterpub.com.cn
·北京·

内 容 提 要

本书系国家出版基金项目——《大国重器 中国超级水电工程·糯扎渡卷》之《征地移民创新技术》分册。本书归纳了糯扎渡水电站在移民安置规划设计、移民安置政策应用、移民安置管理等方面的主要实践与创新成果，重点阐述了糯扎渡水电站工程建设过程中的征地移民安置政策、技术标准的要求及变化情况，分析总结了移民安置规划设计主要技术标准拟定分析成果和移民安置方式、逐年补偿安置标准、移民安置进度计划调整、阶段性蓄水移民安置实施方案、库周非搬迁移民村组基础设施改善等研究成果，梳理分析了移民安置工作组织、机制的经验，总结了主要的移民安置实施效果。

本书可供从事水电水利工程建设征地移民安置行业的政府管理、规划设计、监督评估、工程建设管理等部门和单位的工作人员以及理论研究者阅读和借鉴。

图书在版编目（CIP）数据

征地移民创新技术 / 朱兆才等编著. -- 北京 ： 中
国水利水电出版社，2021.2
　　（大国重器 中国超级水电工程. 糯扎渡卷）
　　ISBN 978-7-5170-9455-5

　　Ⅰ. ①征… Ⅱ. ①朱… Ⅲ. ①水利水电工程－土地征
用－概况－云南②水利水电工程－移民安置－概况－云南
　　Ⅳ. ①TV752.74②D632.4

中国版本图书馆CIP数据核字(2021)第040860号

书　　名	大国重器　中国超级水电工程·糯扎渡卷 **征地移民创新技术** ZHENGDI YIMIN CHUANGXIN JISHU
作　　者	朱兆才　李红远　唐良霁　薛舜　鲜恩伟　等 编著
出版发行	中国水利水电出版社 （北京市海淀区玉渊潭南路 1 号 D 座　100038） 网址：www.waterpub.com.cn E-mail：sales@waterpub.com.cn 电话：（010）68367658（营销中心）
经　　售	北京科水图书销售中心（零售） 电话：（010）88383994、63202643、68545874 全国各地新华书店和相关出版物销售网点
排　　版	中国水利水电出版社微机排版中心
印　　刷	北京印匠彩色印刷有限公司
规　　格	184mm×260mm　16 开本　10.75 印张　262 千字
版　　次	2021 年 2 月第 1 版　2021 年 2 月第 1 次印刷
印　　数	0001—1500 册
定　　价	**110.00 元**

《大国重器 中国超级水电工程·糯扎渡卷》
编撰委员会

高级顾问 马洪琪　陈祖煜　钟登华

主　　任 张宗亮

副主任 刘兴宁　袁友仁　朱兆才　张　荣　邵光明
　　　　　邹　青　严　磊

委　　员 张建华　李仕奇　武赛波　张四和　冯业林
　　　　　董绍尧　李开德　李宝全　赵洪明　沐　青
　　　　　张发瑜　郑大伟　邓建霞　高志芹　刘琼芳
　　　　　曹军义　姚建国　朱志刚　刘亚林　李　荣
　　　　　孙　华　张　阳　李　英　尹　涛　张燕春
　　　　　李红远　唐良霁　薛　舜　谭志伟　赵志勇
　　　　　张礼兵　杨建敏　梁礼绘　马淑君

主　　编 张宗亮

副主编 刘兴宁　袁友仁

《征地移民创新技术》
编 撰 人 员

主　　编　朱兆才　李红远

副 主 编　唐良霁　薛　舜　鲜恩伟

参编人员　唐道锋　何仕强　黄　健　李军磊　张国栋
　　　　　　 冯宏伟　朱宏宇　李　爽

　　土石坝是历史最为悠久的一种坝型，也是应用最为广泛和发展最快的一种坝型。据统计，世界已建的100m以上的高坝中，土石坝占比76％以上；新中国成立70年来，我国建设了约9.8万座大坝，其中土石坝占95％。

　　20世纪50年代，我国先后建成官厅、密云等土坝；60年代，建成当时亚洲第一高的毛家村土坝；80年代以后，建成碧口（坝高101.8m）、鲁布革（坝高103.8m）、小浪底（坝高160m）、天生桥一级（坝高178m）等土石坝工程；进入21世纪，中国土石坝筑坝技术有了质的飞跃，陆续建成了洪家渡（坝高179.5m）、三板溪（坝高185m）、水布垭（坝高233m）等高土石坝，标志着我国高土石坝工程建设技术已步入世界先进行列。

　　而糯扎渡心墙堆石坝无疑是我国高土石坝领域的国际里程碑工程。电站总装机容量585万kW，建成时为我国第四大水电站，总库容237亿m³，坝高261.5m，为中国最高（世界第三）土石坝，比之前最高的小浪底心墙堆石坝提升了100m的台阶。开敞式溢洪道最大泄洪流量31318m³/s，泄洪功率6694万kW，居世界岸边溢洪道之首。通过参建各方的共同努力和攻关，在特高心墙堆石坝筑坝材料勘察、试验与改性，心墙堆石坝设计准则及安全评价标准，施工质量数字化监控及快速检测技术取得诸多具有我国自主知识产权的创新成果。这其中，最为突出的重大技术创新有两个方面：一是首次揭示了超高心墙堆石坝土料均需改性的规律，系统提出掺人工碎石进行土料改性的成套技术。糯扎渡天然土料黏粒含量偏多，砾石含量偏少，含水率偏高，虽然能满足防渗的要求，但不能满足超高心墙堆石坝强度和变形要求，因此掺加35％的人工级配碎石对天然土料进行改性，提高了心墙土料的强度和变形模量，实现了心墙与堆石料的变形协调。二是研发了高土石坝筑坝数字化质量控制技术，开创了我国水利水电工程数字化智能化建设的先河。过去的土石坝施工质量监控采用人工旁站监理，工作量大，效率低，容易出现疏漏环节。在糯扎渡水电站建设中，成功研发了"数字大坝"信息技术，对大坝填筑碾压全过程进行全天候、精细化、在线实时监控，确保了总体积达3400余万m³大坝优质施工，是世界大坝建设质量控制技术的重大创新。

糯扎渡提出的高土石坝心墙土料改性和"数字大坝"等核心技术，从根本上保证了大坝变形稳定、渗流稳定、坝坡稳定和抗震安全，工程蓄水至今运行状况良好，渗漏量仅为 15L/s，为国内外同类工程最小。系列科技成果大幅度提升了中国土石坝的设计和建设水平，广泛应用于后续建设的特高土石坝，如大渡河长河坝（坝高 240m）、双江口（坝高 314m），雅砻江两河口（坝高 295m）等。糯扎渡水电站科技成果获国家科技进步二等奖 6 项、省部级科技进步奖 10 余项，工程获国际堆石坝里程碑工程奖、菲迪克奖、中国土木工程詹天佑奖和全国优秀水利水电工程勘测设计金质奖等诸多国内外工程界大奖，是我国高心墙堆石坝在国际上从并跑到领跑跨越的标志性工程！

糯扎渡水电站不仅在枢纽工程上创新，在机电工程、水库工程、生态工程等方面也进行了大量的技术创新和应用。通过水库调蓄，对缓解下游地区旱灾、洪灾和保障航运通道发挥了重大作用；通过一系列环保措施，实现了水电开发与生态环境保护相得益彰；电站年均提供 239 亿 kW·h 绿色清洁能源，是中国实施"西电东送"的重大战略工程之一，在澜沧江流域形成了新的经济发展带，把西部资源优势转化为经济优势，带动了区域经济快速发展。因此，无论从哪方面来看，糯扎渡水电站都是名副其实的大国重器！

本卷丛书系统总结了糯扎渡枢纽、机电、水库移民、生态、工程安全等方面的科研、技术成果，工程案例具体，内容翔实，学术含金量高。我相信，本卷丛书的出版对于推动我国特高土石坝和水电工程建设的发展具有重要理论意义和实践价值，将会给广大水电工程设计、施工和管理人员提供有益的参考和借鉴。本人作为糯扎渡水电站建设方的技术负责人，很高兴看到本卷丛书的编辑出版，也非常愿意将其推荐给广大读者。

是为序。

中国工程院院士

2020 年 11 月

　　获悉《大国重器　中国超级水电工程·糯扎渡卷》即将付梓，欣然为之作序。

　　土石坝由于其具有对地质条件适应性强、能就地取材、建筑物开挖料利用充分、水泥用量少、工程经济效益好等优点，在水电开发中得到了广泛应用和快速发展，尤其是在西南高山峡谷地区，由于受交通及地形地质等条件的制约，土石坝的优势尤为明显。近30年来，随着一批高土石坝标志性工程的陆续建成，我国的土石坝建设取得了举世瞩目的成就。

　　作为我国水电勘察设计领域的排头兵，土石坝工程是中国电建昆明院的传统技术优势，自20世纪中叶成功实践了当时被誉为"亚洲第一土坝"的毛家村水库心墙坝（最大坝高82.5m）起，中国电建昆明院就与土石坝工程结下了不解之缘。80年代的鲁布革水电站心墙堆石坝（最大坝高103.8m），工程多项指标达到国内领先水平，接近达到国际同期先进水平，获得国家优秀工程勘察金质奖和设计金质奖；90年代的天生桥一级水电站混凝土面板堆石坝（最大坝高178m），为同类坝型亚洲第一、世界第二，使我国面板堆石坝筑坝技术迈上新台阶，工程获国家优秀工程勘察金质奖和设计银质奖。这些工程都代表了我国同时代土石坝建设的最高水平，对推动我国土石坝技术发展起到了重要作用。

　　而糯扎渡水电站则代表了目前我国土石坝建设的最高水平。该工程在建成前，我国已建超过100m高的心墙堆石坝较少，最高为160m的小浪底大坝，糯扎渡大坝跨越了100m的台阶，超出了我国现行规范的适用范围，已有的筑坝技术和经验已不能满足超高心墙堆石坝建设的需求。"高水头、大体积、大变形"条件下，超高心墙堆石坝在渗流稳定、变形控制、抗滑稳定以及抗震安全方面都面临重大挑战，需开展系统深入研究。以中国电建昆明院总工程师、全国工程勘察设计大师张宗亮为技术总负责的产学研用项目团队开展了十余年的研发和工程实践，在人工碎石掺砾防渗土料成套技术、软岩堆石料在上游坝壳的利用、土石料静动力本构模型、心墙水力劈裂机制、裂缝计算分析方法、成套设计准则、施工质量实时控制技术、安全综合评价体系等方面取得创新成果，均达到国际领先水平，确保了大坝的成功建设。大坝运行良好，渗流量和坝体沉降均远小于国内外已建同类工程，被谭靖夷院士评价为"无瑕疵工程"。

本人主持了糯扎渡水电站高土石坝施工质量实时控制技术的研发工作，建设过程中十余次到现场进行技术攻关，实现了高土石坝质量与安全精细化控制，成功建成我国首个数字大坝工程。

糯扎渡水电站工程践行绿色发展理念，实施环保、水保各项措施，有效地保护了当地鱼类和珍稀植物，节能减排效益显著，抗旱、防洪、通航效益巨大，带动地区经济发展成效显著，这些都是这个工程为我国水电开发留下来的宝贵财富。糯扎渡水电站必将成为我国水电技术发展的里程碑工程！

本卷丛书是作者及其团队对糯扎渡水电站研究和实践的系统总结，内容翔实，是一套体系完整、专业性强的高水平科研工程专著。我相信，本卷丛书可以为广大水利水电行业专业人员提供技术参考，也能为相关科研人员提供更多的创新性思路，具有较高的学术价值。

中国工程院院士 钟登华

2021 年 1 月

能源产业是国民经济发展的重要基础，水电资源是可再生清洁能源，在地球传统能源日益紧张的情况下，世界各国普遍优先开发水电资源。我国是世界上水能资源最丰富的国家，水能资源是我国重要的可再生能源资源。中华人民共和国成立后，特别是改革开放以来，随着经济社会发展的需要，国家加快了水利水电工程建设步伐，水电建设迅猛发展，工程技术日新月异，一些大型水电工程相继建成。我国已从水电弱国，发展成为世界水电大国和水电强国，"中国水电"正在完成从"融入"到"引领"的历史性转身。

《国务院办公厅关于印发能源发展战略行动计划（2014—2020年）的通知》（国办发〔2014〕31号）指出："在做好生态环境保护和移民安置的前提下，以西南地区金沙江、雅砻江、大渡河、澜沧江等河流为重点，积极有序推进大型水电基地建设"。根据国家"十三五"规划纲要，以西南水电开发为重点，开工建设常规水电6000万kW。水电作为优质清洁的可再生能源，在国家能源安全战略中占据重要的地位。

澜沧江流域是我国十二大水电基地之一。从西藏扎曲至云南西双版纳出境，整个干流共规划22个梯级水电站，总装机容量为2869万kW。糯扎渡水电站是澜沧江中下游河段水电规划"两库八级"开发方案中的第二库第五级，其库容、装机规模及年发电量等在8个梯级中均为最大，是重要的控制性工程。糯扎渡水电站建设征地移民安置涉及云南省普洱、临沧2市9个县（区），除思茅区、临翔区和云县外，其余6个县均为少数民族自治县。建设征地区多属少数民族聚居区，主要民族有汉、傣、彝、哈尼、拉祜、佤、白、布朗等20多个，各民族都有自己的民族语言和风俗习惯。项目建设征地总面积为342.26km²，涉及农村生产安置人口48571人，搬迁安置人口27049人，规划农村集中安置点57个，改（复）建集镇街场3处。2004年糯扎渡水电站工程建设启动后，即开始了移民安置工作。纵观糯扎渡水电站移民安置，主要有如下几个特点：①移民安置工作经历了移民新老法规和规程规范的调整；②水库淹没影响区移民安置方式由以大农业安置为主调整为以逐年补偿为主；

③结合主体工程建设进度，移民安置总体进度计划提前2年；④水库淹没影响区移民工程实施后，由于移民意愿等发生变化，移民安置存在设计变更。由于糯扎渡水电站建设征地移民安置工作面临任务重、时间紧、情况复杂、政策调整较大等问题，迫使在移民安置政策应用、移民安置规划设计、移民安置管理等方面进行了众多的实践与创新。特别是在云南省逐年补偿安置均实行过渡期补助的格局下，提出了具有可操作性的逐年补偿安置政策。经过多年的移民安置实践后，糯扎渡水电站移民的生产生活水平、居住条件得到了较大改善和提高，促进了地方产业结构调整和发展；大量基础设施的建设投入，加快了地方城镇化发展，提高了地方文教卫等公共服务社会事业水平。

本书第1章由黄健、冯宏伟编写，第2章由唐良霁编写，第3章和第7章由薛舜、李军磊、朱宏宇编写，第4章由唐道锋、李爽、冯宏伟、张国栋编写，第5章由何仕强编写，第6章由鲜恩伟、何仕强编写，全书由朱兆才、李红远主编，唐良霁统稿，汪才芳审稿。

本书主要依据中国电建集团昆明勘测设计研究院有限公司（以下简称"昆明院"）在糯扎渡水电站建设征地移民安置可行性研究、实施规划阶段完成的各有关规划设计、专题研究成果，以及原云南省移民开发局（2018年11月变更为云南省搬迁安置办公室）、水电水利规划设计总院、华能澜沧江水电股份有限公司（以下简称"澜沧江公司"）、原普洱市移民开发局（后变更为普洱市搬迁安置办公室）和原临沧市移民开发局（后变更为临沧市搬迁安置办公室）等单位的实施管理成果编制，在编写过程中得到了移民安置涉及的2市9个县（区）政府及移民管理部门的大力支持和帮助，在此谨对以上单位表示诚挚的感谢！

编者

2021年2月

目　录

第 1 章

综述

糯扎渡水电站建设征地移民安置工作处于新老法规〔《大中型水利水电工程建设征地补偿和移民安置条例》、中华人民共和国国务院令第 74 号（简称"国务院令第 74 号"）、中华人民共和国国务院令第 471 号（简称"国务院令第 471 号"）〕和行业标准调整的时期，在征地移民安置实施过程中，随着经济社会发展，云南省移民安置政策进行了调整，移民的意愿也发生了变化，移民安置方案有较大的调整，生产安置方式由以大农业安置为主调整为以逐年补偿安置为主。同时，工程下闸蓄水进度计划提前 2 年。鉴于糯扎渡水电站建设征地移民安置工作面临任务重、时间紧、情况复杂、政策调整和移民意愿变化较大等问题，为顺利推进移民安置工作，在移民安置政策应用、规划设计、安置管理等方面进行了大量的研究，提出了一系列安置政策。经过多年的移民安置实施后，糯扎渡水电站移民的生产生活水平、居住条件得到了较大改善和提高，促进了移民安置区产业结构的调整和发展，加快了城镇化进程，提高了地方文教卫等公共服务设施标准，移民安置效果显著。

1.1　工程概况

糯扎渡水电站为云南省澜沧江中下游河段两库（小湾和糯扎渡）八级（功果桥、小湾、漫湾、大朝山、糯扎渡、景洪、橄榄坝、勐松）水电开发方案中的第五个梯级水电站，坝址位于思（茅）—澜（沧）公路虎跳石大桥下游约 5.47km 处。水库上游回水到大朝山水电站坝址，下游紧靠景洪水电站库尾。水电站以发电为主，兼顾下游景洪市城市和农田防洪、通航等综合利用要求，并兼有发展旅游业和库区养殖、改善通航条件等综合效益。糯扎渡水电站为云南省"西电东送"和"云电外送"的重点工程。水电站坝址以上汇流面积 14.47 万 km^2，大坝为心墙堆石坝，坝高 261.5m。水库总库容 237.03 亿 m^3，正常蓄水位 812.00m，相应库容 217.49 亿 m^3，死水位 765.00m，相应库容 104.14 亿 m^3，调节库容 113.35 亿 m^3，为多年调节水库。水电站装机容量 585 万 kW（9×65 万 kW），年发电量 239.12 亿 kW·h。水电站于 2004 年 1 月开始施工准备，2007 年 11 月实现大江截流，2011 年 11 月水库下闸蓄水，2012 年 9 月首台机组并网发电，2014 年 6 月 9 台机组全部顺利投产发电，2015 年 6 月底主体工程完工。

糯扎渡水电站的建设充分利用了云南省的水力资源优势，在取得巨大经济效益的同时，创造了节能减排效益，促进了云南地方社会经济发展。

1.2　自然地理概况

糯扎渡水电站地处滇藏高原南坡、横断山系纵谷区的南段，东部有云岭支脉哀牢山、无量山系，西部为怒山支脉，地势自北向南倾斜。库区河段地形为峡谷与宽谷束放相间，两岸山势因位于滇藏高原南下的斜坡面，受新构造的影响，地形起伏变化较大，峰峦叠嶂，山势逶迤，澜沧江切割其间。库区从上游大朝山水电站坝址起流向呈东北—西南流至右岸小黑江口折转为西北—东南，流至糯扎渡水电站坝址，全长 214.3km。库区两岸主要支流有左岸小黑江及其支流威远江和普洱大河，右岸小黑江和黑河汇入。两岸分水岭与河谷相对高差达 2500m 以上，加之地处北回归线（北纬 23.5°）两侧和南北向河谷走廊，受西南印度洋和孟加拉湾暖湿气流控制，库区属南亚热带季风气候区，雨热同期，干湿分明，每年 6—10 月为雨季，11 月至次年 5 月为枯季。多年平均气温 18～19℃，最热月平均气温 23℃左右，最冷月平均气温 12～13℃，10℃及以上积温 6200℃，无霜期 330d 以上，年日照时数 1700～2200h，光热资源丰富。多年平均年降水量 1400mm 左右，多集中在 6—10 月的夏秋季。库区土壤因成土母质的不同，形成了不同的土壤类型。成土母质主要有花岗岩、石灰岩、泥质砂岩、紫色砂岩等，土壤有砖红壤、红壤、赤红壤、紫色土、石灰土、冲积土等种类，耕地以红壤为主。土壤肥力低，普遍偏酸、缺磷，有效养分不足，中低产田地所占比例较大。

库区优越的气候条件适宜多种生物生长，两岸山坡除少部分村落和农耕区为次生植被外，大部分为亚热带季风雨林和针阔叶林混交林所覆盖。库区两岸森林植被茂盛，为各种野生动物的生息繁衍提供了优越的环境条件。野生动植物资源种类繁多，素有"动植物王国"之称。云南省在该区域内建有 3 个省级自然保护区：糯扎渡自然保护区、威远江自然保护区和澜沧江自然保护区，以保护该地区生物多样性。

库区农作物品种多样，粮食作物以水稻、玉米为主，小麦次之；经济作物品种主要有甘蔗、花生、茶叶、西瓜、蔬菜等。丰富的土地资源和气候资源，为水果和经济林木的生长提供了良好的条件，特别是芒果、荔枝、香（芭）蕉、柑橘、橡胶、咖啡、胡椒等，是库区农民经济收入的一大来源。

库区所处区域矿产资源丰富，主要有盐、铁、煤、石膏、铜、硝、铅、锌等，是地区资源和经济优势之一，但这些矿产资源在库区分布较少，且无经济开采价值。

1.3 经济社会概况

糯扎渡水库正常蓄水位为 812.00m 时，水库岸线总长 1842km。库区左岸从下游到上游依次为云南省普洱市的思茅区、宁洱哈尼族彝族自治县、景谷傣族彝族自治县及镇沅彝族哈尼族拉祜族自治县和景东彝族自治县辖区，右岸下游段为普洱市的澜沧拉祜族自治县地界，上游段为临沧市的临翔区、双江拉祜族佤族布朗族傣族自治县和云县所辖，共涉及 2 个市 9 个县（区）。

糯扎渡水电站库区地处云南西南部的边远地区，建设征地涉及 9 个县（区），除思茅区、临翔区和云县外，其余 6 个县均为少数民族自治县。建设征地区主要有汉、傣、彝、哈尼、拉祜、佤、白、布朗等 20 多个民族，各有自己的民族语言和风俗习惯。

区域内地广人稀，库区人口密度仅 61 人/km²，远低于云南全省平均的 109 人/km²。经济活动以农业为主，属典型的农业区。耕地复种指数较低，土地利用率不高，耕作粗放，科技含量低，农业生产尚处在传统的耕作方式，有些甚至还保留着"刀耕火种"的落后生产习惯，对库区生态和植被的破坏较大。

由于历史的原因，加之地处边陲，交通不便，信息闭塞，文化、经济基础薄弱，群众文化程度不高，文盲半文盲比例较大，阻碍了先进科学技术的吸收应用。农业生产力水平较低，商品率不高，二三产业和工副业生产薄弱，集体经济积累少，农民人均收入低，其中 85％以上用于生活消费，只能维持简单的再生产。

据统计，2020 年库区涉及各县（区）农民人均可支配收入在 11779～13201 元不等，建设征地移民安置涉及的 9 县（区）中，思茅、宁洱、景谷、镇沅、临翔、云县均高于云南全省人均水平 12842 元。随着农村经济改革的深入，在国家"实施乡村振兴战略"的指导下，库区各县（区）经济将会得到更快的发展，少数民族地区人民的生活水平会很快得到提高。

1.4 征地移民安置概况

1.4.1 建设征地移民安置规划设计

糯扎渡水电站移民安置规划设计时间跨度长，涉及的行业项目多，在十多年的时间跨度内，移民及其他相关行业的法规政策和规程规范均发生了不同程度的变化。从"国务院令第 74 号"中关于移民安置规划设计的条文要求涉及较少，到"国务院令第 471 号"中移民安置规划设计的要求单独成章，凸显国家在法规层面上对移民安置规划工作的重视，对于移民安置规划设计的要求不断提高。昆明院在工作中保持了规划设计的一致性和连贯性，从河流规划开始一直开展糯扎渡水电站移民安置规划设计，情况较为熟悉。同时昆明院作为部分移民安置法规政策和行业技术标准的参与编制单位，在确保糯扎渡水电站的移民安置规划设计符合当时的移民政策及规程规范的同时，在具体规划设计问题上充分利用设计单位的前瞻性，为政府、项目业主和相关利益方决策提供了重要的科学依据。

糯扎渡水电站可行性研究报告阶段（以下简称"可研阶段"）建设征地移民安置规划主要设计工作于 2006 年完成。实物指标调查、移民安置规划和投资概算等成果经咨询后，昆明院陆续开展了后续移民安置规划设计工作。

2003 年 10 月，昆明院编制完成可行性研究报告建设征地移民安置篇章，并于 2004 年 10 月通过了水电水利规划设计总院的审查。

2004 年 5 月，昆明院编制完成《云南省澜沧江糯扎渡水电站招标设计阶段建设征地及移民安置实施规划设计工作细则》，其作为开展规划设计的依据。

2005 年 4 月，昆明院受澜沧江公司的委托编制完成《云南省澜沧江糯扎渡水电站工程项目申请报告》，并于同年 8 月通过评估。2005 年开始，在原云南省移民开发局（以下简称"省移民开发局"）的组织和领导下，澜沧江公司参与，昆明院负责技术把关，由普洱市、临沧市人民政府牵头，各县（区）人民政府和相关职能部门以及涉及的乡（镇）、村民委员会、村民小组参加，对糯扎渡水电站枢纽工程建设区和水库区进行了实物指标调查、分解细化和公示。各县（区）人民政府对移民安置方案（方式）听取了建设征地范围内移民和安置区居民的意见。

2004 年 10 月和 2005 年 4 月，由于施工方案调整，两次对枢纽工程建设区范围进行了调整，昆明院于 2006 年 7 月编制完成《糯扎渡水电站可行性研究阶段施工区新增范围建设征地和移民安置规划专题报告》（以下简称《施工区新增范围移民安置规划专题报告》）。为满足枢纽工程区建设征地移民安置需要，昆明院于2005—2009年先后四次编制完成《云南省澜沧江糯扎渡水电站枢纽工程建设区建设征地移民安置实施规划报告》。此外，昆明院于2006年8月编制完成《云南澜沧江糯扎渡水电站围堰截流征地移民专题报告》。

2006年7月，国务院颁布了"国务院令第471号"，昆明院按照有关要求于2007年编制完成《云南澜沧江糯扎渡水电站移民安置规划大纲》和《云南省澜沧江糯扎渡水电站建设征地及移民安置规划报告》，并于同年9月26日获得云南省人民政府批复。移民安置规划由澜沧江公司委托，在原省移民开发局的领导下，建设征地涉及市、县（区）地方人民政府负责实物指标调查、分解细化和公示，征求移民和安置区居民对总体规划方案的意见，出具对实物指标和移民安置方案确认意见，同时在听取移民和安置区居民对规划报告意见的基础上，对移民安置规划报告出具确认意见，昆明院根据相关成果和要求完成规划报告的编制。

糯扎渡水电站分别于2008年和2009年完成枢纽工程建设区和围堰截流区移民安置实施工作。为妥善安置糯扎渡水电站移民，普洱、临沧两市结合糯扎渡水电站移民安置实际提出多渠道多形式安置移民的要求。原省移民开发局会同云南省发展改革委于2008年7月18日在昆明召开了澜沧江糯扎渡水电站建设征地移民工作会议。会议主要对糯扎渡水电站移民安置方式进行了专题研究，并形成了《澜沧江糯扎渡水电站移民工作会议纪要》（原省移民开发局会议纪要，2008年第23期），明确提出澜沧江糯扎渡水电站全面推行长效补偿多渠道多形式移民安置方式。2009年4月9日，原省移民开发局下达了《云南省移民开发局关于贯彻执行〈云南省澜沧江糯扎渡水电站多渠道多形式移民安置指导意见〉的通知》（云移澜〔2009〕11号），枢纽工程建设区和围堰截流区移民原则上按照原规划方案执行。这进一步明确了糯扎渡水电站实行多渠道多形式移民安置的有关问题，并且在分析逐年补偿标准的基础上，创新性地提出参照当地城镇居民最低生活保障标准，在全国水电工程移民安置案例中尚属首例。

2009年12月29日，原省移民开发局组织召开了糯扎渡水电站移民工作会议，明确了糯扎渡水电站水库淹没影响区实物指标分解细化成果。临沧、普洱两市分别于2010年3月和2010年8月对水库淹没区和库岸失稳区移民搬迁方案进行了优化调整。普洱、临沧两市各县（区）上报了水库淹没影响区移民搬迁安置方案，作为开展规划设计的依据。

2010年3月和8月，昆明院组织相关专业对各安置点及配套项目进行了现场踏勘，随后，开展了测量、勘察和规划设计，于2010年10月底起陆续提交经咨询审查的初步设计和施工图设计，供各方开展后续工作。由于地方人民政府在实际实施中，部分安置点方案发生变化，各县（区）在编制农业移民生产安置方案和淹地不淹房移民搬迁安置方案中，对水库淹没影响区一、二、三期搬迁安置方案进行了调整。

2011年3月，昆明院编制完成《糯扎渡水电站水库库底清理设计报告》（2011年），并经过了原省移民开发局组织的审查，作为地方实施水库库底清理工作的依据。2011年3月19日，国家发展和改革委员会以发改能源〔2011〕566号文对云南澜沧江糯扎渡水电站项目核准进行了批复，同意建设云南澜沧江糯扎渡水电站。2013年9月，普洱、临沧两市分别以《普洱市人民政府关于报送糯扎渡水电站建设征地移民安置方案的函》（普政函〔2013〕88 号）和《临沧市人民政府关于糯扎渡水电站临沧库区农村移民安置方案的函》（临政函〔2013〕62 号）明确了移民安置方案。

在糯扎渡水电站移民规划设计周期内，国家相关的移民法规政策和规程规范陆续出台或者更新完善，规划设计更加注重程序完善以及法规支撑。2013 年，普洱和临沧两市将各县（区）调整后的实物指标细化成果和移民安置方案上报原省移民开发局。2014 年，原省移民开发局分别以云移发〔2014〕66 号文和云移发〔2014〕91 号文审核同意普洱和临沧两市上报的移民安置方案。在移民搬迁安置实施过程中，移民对部分安置点整体布局、房屋朝向和宅基地面积提出了异议，为此部分安置点总平面布局和竖向规划发生变化，由此导致了安置点场地平整、挡土墙、场内道路、给排水工程以及供电工程等基础设施建设项目，较原咨询审查的规划设计均发生了变化。根据原省移民开发局 2016 年 7 月 18 日颁发的《云南省大中型水利水电工程建设征地移民安置实施阶段设计变更管理办法》（云移发〔2016〕112 号）等规定，部分安置点已属重大设计变更。2014 年 9 月，原普洱、临沧两市移民开发局委托昆明院开展糯扎渡水电站水库淹没影响区移民工程变更补充勘察设计，2016 年基本完成设计变更工作。2016 年 11 月 8—10 日，中国水利水电建设工程咨询有限公司受原省移民开发局的委托，在昆明主持召开了澜沧江糯扎渡水电站普洱市 32 个移民安置点（含黄果园安置点）设计变更报告评审会议。2016 年 11 月至 2017 年 5 月，设计单位根据评审意见对变更初步设计报告进行了修改完善，并于 2017 年 5 月编制完成安置点变更初步设计报告。2017 年 12 月 18—19 日，中国水利水电建设工程咨询有限公司在昆明主持召开了相关项目设计变更报告评审核定会议。2018 年 2 月，安置点设计变更报告通过了中国水利水电建设工程咨询有限公司的评审；2018 年 8 月，安置点设计变更报告通过了原省移民开发局的评审核定。在上述基础上，2018 年 10 月，设计单位编制完成安置点工程设计变更报告（审定本）。根据《云南省大中型水利水电工程建设征地移民安置实施阶段设计变更管理办法》（云移发〔2016〕112 号）等规定，对属于重大设计变更的水库淹没影响区移民工程，昆明院进行了变更补充勘察设计并通过了原省移民开发局的批复。

由于实施的糯扎渡水电站移民在安置方式、安置方案上与原审批的移民安置规划发生了较大变化，农业移民生产安置方案和淹地不淹房搬迁移民安置方案尚未明确，难以完成移民安置实施规划，为履行移民安置相关程序，规范移民安置工作，2012 年 2 月 10 日，《糯扎渡水电站建设征地移民安置工作会议纪要》（原省移民开发局会议纪要，2012 年第 5 期）明确要求编制移民安置总体规划报告。2012 年 4 月，昆明院编制完成《糯扎渡水电站建设征地移民安置总体规划工作大纲》并根据审查意见进行了修改完善。在此基础上，各相关单位根据工作大纲要求，开展相关工作，2012 年 12 月，昆明院根据已有相关资料编制完成《糯扎渡水电站建设征地移民安置总体规划（初稿）》（以下简称"移民安置总规报告"）。2013 年 3 月，《糯扎渡水电站建设征地移民安置总体规划（征求意见稿）》完成征求各方意见的工作。2013 年 9 月，糯扎渡水电站涉及的两市各县（区）对农业移民生产安置方案、淹地不淹房搬迁移民安置方案进行了明确，部分县（区）在 2009 年复核明确实物指标的基础上再一次复核，并同时对水库淹没影响区原已实施的移民安置方案再次进行优化调整，一并重新上报，昆明院据此进一步修改、完善，提出《糯扎渡水电站建设征地移民安置总体规划（送审稿）》。2013 年 10 月，《糯扎渡水电站建设征地移民安置总体规划（送审稿）》经原省移民开发局组织进行了初审。各方根据初审相关意见对存在的问题进行沟通梳理。2013 年 11 月至 2014 年 1 月，昆明院组织相关专业对糯扎渡水电站淹地影响区 8 个安置点及配套项目进行了现场踏勘，开展测量、勘察和规划设计，并通过了原省移民开发局组织的审查批复。相关县（区）根据批复意见及规划设计成果启动移民安置工作。2014 年 1 月和 6 月，糯扎渡水电站移民工作协调小组对糯扎渡水电站设计变更与移民安置总规报告编制的衔接、公共文化设施方案、100 人以下安置点规划设计、双江县辣子箐小组和思茅区硝塘箐小组搬迁方案等问题明确了处理意见，并形成会议纪要。2014 年 5 月和 6 月，原省移民开发局分别对普洱、临沧两市 2013 年上报的糯扎渡水电站建设征地实物指标分解细化成果和移民安置方案出具相关意见。2014 年 7 月，昆明院根据初审修改意见要求，结合移民安置工作进一步的推进，明确的相关工作成果及会议纪要，对送审稿进行了修改完善，并于 2014 年 7 月提出《糯扎渡水电站建设征地移民安置总体规划（初审修改稿）》。调整后的糯扎渡水电站枢纽工程建设区农业移民生产安置以大农业安置为主，水库淹没影响区以逐年补偿和大农业安置相结合的方式安置。糯扎渡水电站移民生产安置方式由此从大农业安置转向逐年补偿安置为主的安置方式，在逐年补偿安置方式下，为生产安置的移民配置了一定的土地资源。糯扎渡水电站建设征地移民安置总体规划农村生产安置人口 48571 人，其中农业安置 22432 人，逐年补偿 26106 人，自行安置 33 人。糯扎渡水电站搬迁人口共计 27049 人，其中农村搬迁安置人口 23925 人（集中搬迁安置 18285 人，分散安置 5640 人），集镇街场搬迁常驻居民 3124 人，规划集中安置点 57 个，迁建街场集镇 3 个。在实施中为集中安置点配套了人饮工程、水利设施、供电工程、对外道路等。专业项目改（复）建处理，主要是根据受建设征地影响的企事业单位、交通道路、通信广播电视线路、电力工程、水利工程、防护工程、文物古迹等项目处理任务提出相应的处理方案。原则上专业项目按照"原规模、原标准或恢复原功能"的原则进行改（复）建，其中交通道路、通信广播电视线路、电力工程、水利工程、防护工程等按照"原规模、原标准或恢复原功能"的原则进行改（复）建。由于糯扎渡水电站部分专业项目特别是交通、水利项目由于项目改（复）建的过程与地方经济社会发展密切相关，存在必要的扩大规模、提高标准的情况，在实施过程中采取移民资金与地方资金拼盘的方案进行处理。涉及企事业单位淹没处理方案在符合国家的产业政策规定的前提下，遵循技术可行、经济合理的原则，根据淹没影响程度，在征求地方人民政府、主管部门和企事业单位意见的基础上进行统筹规划，按原规模和原标准建设所需的费用，经核定后列为水电工程补偿投资；扩大规模、提高标准需要增加的投资，由企事业单位自行解决。对于不需复建或难以复建的企事业单位，根据淹没影响的具体情况，给予合理补偿；企事业单位的淹没处理规划，充分考虑与城镇迁建、移民村庄、库周交通、电信、电力等专业规划相协调。糯扎渡水电站建设征地涉及企事业单位共计 88 个，其中迁建补偿 57 家，货币补偿 31 家，对于属于集镇街场内的 39 家企事业单位根据集镇街场迁建方案进行迁建恢复，其他企事业单位根据处理方案采取单独迁建恢复或货币补偿。糯扎渡水电站的文物古迹调查和处理，由设计单位根据工作方案和国家当时的规定要求测算了相关的经费，并经云南省文物管理委员会审定同意，在此后的相关移民规划中对于文物古迹的处理基本按照以上措施及费用进行了计列。

在糯扎渡水电站移民安置实施过程中，由于工程提前两年蓄水发电，可研阶段审定的移民安置进度计划不能满足工程进度要求。为满足水电站下闸蓄水移民安置工作需要，昆明院结合糯扎渡蓄水计划，创新性地开展了移民安置阶段性分期蓄水专题研究。为了满足移民安置时间节点要求，昆明院根据相关的法规政策和规程规范及糯扎渡水电站涉及的相关县（区）于 2010 年 10 月明确的移民安置方案，按照"成熟一个，设计一个，审查一个，实施一个"的工作思路，于 2011—2013 年分三批陆续完成了各安置点的初步设计工作，并通过了原省移民开发局组织的咨询审查。

针对非搬迁移民多次提出对村组基础设施进行改善的诉求，在糯扎渡水电站移民安置实施过程中，创新性地提出对库周非搬迁移民村组就地生产安置人口占村组剩余总人口的比例大于等于 30％的村组进行基础设施改善，有效推动了库周移民村组的经济社会稳步发展，营造了和谐稳定的库区环境。

通过分析论证当时的移民安置实施进度，针对实施进度滞后的项目提出相应的进度计划调整和保障措施，使得糯扎渡水电站移民安置任务分期、分阶段地按照计划有针对性、有节奏地稳步推进，为糯扎渡水电站提前两年蓄水发电创造了条件，确保了主体工程提前蓄水发电、提前产生效益。为 2018 年 12 月国家能源局发布的《水电工程阶段性蓄水移民安置实施方案专题报告编制规程》提供了有力的素材和实践参考。

1.4.2　建设征地移民安置实施

由于糯扎渡水电站移民安置实施时间跨度较大，随着社会经济的发展和国家移民政策的不断演变，移民安置实施机构逐步建立健全，管理手段、办法多样化。综合设计、综合监理、独立评估等技术单位依法履行相关职责，这些举措有效地推动了糯扎渡水电站建设征地移民安置工作。

2002 年，原国家发展计划委员会出台《国家计委关于印发水电工程建设征地移民工作暂行管理办法的通知》（计基础〔2002〕2623 号），明确了水电工程建设征地移民工作实行"政府负责、投资包干、业主参与、综合监理"的管理体制，2006 年以前糯扎渡水电站征地移民工作按照此管理模式实施。

2004 年 4 月，糯扎渡水电站筹建工作正式启动，移民安置初期按照上述规定，实行投资包干。糯扎渡水电站移民安置行政管理部门主要包括省、市、县（区）三级移民主管部门，糯扎渡水电站实施期间，涉及的市、县（区）移民管理机构逐步完善。

2004 年，受原省移民开发局和澜沧江公司的共同委托，中国水利水电建设工程咨询昆明有限公司（以下简称"中水咨询昆明公司"）承担糯扎渡水电站移民安置综合监理工作。糯扎渡水电站成为国内较早开展移民安置综合监理工作的大中型水电工程。在这一时期，国家和云南省对于移民安置综合监理的法规文件还不多，制度还不健全，移民安置综合监理结合移民安置工作实际，较好地开展了综合监理工作，有力地促进了糯扎渡水电站移民安置工作的科学化、规范化，为下一步移民综合监理规范和相关政策文件制定提供了实践基础。

2006 年，国务院颁布"国务院令第 471 号"，明确了移民安置工作实行"政府领导、分级负责、县为基础、项目法人参与"的管理体制，据此糯扎渡水电站的管理体制发生调整。这一时期，随着"国务院令第 471 号"的颁布和"07 水电工程移民规范"的出台，移民安置综合监理工作进一步规范，明确了国家对移民安置实行全过程监督评估的管理模式。中国电建集团华东勘测设计研究院有限公司（以下简称"华东院"）受原省移民开发局和澜沧江公司的委托承担糯扎渡水电站独立评估工作。据此，糯扎渡水电站建设征地移民安置工作主要单位调整为原省移民开发局、项目业主澜沧江公司、实施单位原普洱市和临沧市移民开发局以及涉及县（区）移民开发局，另外还包括移民综合设计、综合监理、独立评估等单位。这一时期，糯扎渡水电站移民管理从"政府领导、分级负责、县为基础、项目法人参与"转变为"政府领导、分级负责、县为基础、项目法人和移民参与、规划设计单位技术负责、监督评估单位跟踪监督"的模式。

2010 年，糯扎渡水电站成立了由原省移民开发局为组长，项目业主、两市人民政府、昆明院为副组长的糯扎渡水电站移民安置工作协调小组，在水库下闸蓄水前，定期召开协调会议，讨论解决移民安置工作中的有关问题。原省移民开发局是云南省移民安置领导小组的日常办事机构，为糯扎渡水电站移民工作的责任单位。糯扎渡水电站水库淹没涉及的市、县（区）成立由政府分管领导为组长的移民安置领导小组，负责移民工作的领导和协调；同时成立移民管理机构，负责本行政范围内的移民安置项目的具体实施工作。针对具体项目，由县政府组织行业对口部门、移民管理机构、乡镇等组成的移民工程建设指挥部，在现场设置办公场所，及时协调解决实施中存在的问题。澜沧江公司作为项目业主参与糯扎渡水电站建设征地移民安置相关事宜，提出移民安置进度需求，及时筹措资金。

在项目管理方面，普洱市移民安置工作实行项目核准制，由各县（区）上报项目及资金申请文件，移民综合监理出具核准文件，作为原普洱市移民开发局下拨移民资金的依据；由原临沧市移民开发局提出移民安置资金使用计划，负责下拨项目及资金，移民综合监理对实施单位资金管理实施监控。该时期不再强调投资包干的责任，移民安置实施工作分工体系完善，相互之间沟通有效、权责分明。

糯扎渡水电站枢纽工程建设区征地根据 2004 年审定的糯扎渡水电站工程施工用地规划范围和 2006 年 8 月完成的《施工区新增范围移民安置规划专题报告》确定。枢纽工程建设区建设征地范围包括枢纽工程建设征地区和水库淹没区与枢纽区套接占地两部分，征地全部按永久征地处理。根据 2006 年 8 月最终确定的枢纽工程建设范围，景洪水电站淹没和失稳影响区与糯扎渡水电站枢纽工程建设区重叠部分考虑征地的时间与糯扎渡枢纽建设征地同步，建设征地纳入糯扎渡水电站枢纽工程建设区处理。糯扎渡水电站枢纽工程建设区实物指标分解细化、生产安置和移民搬迁于 2006 年完成。

根据调查分析，围堰截流淹没涉及思茅区、澜沧县、景谷县、双江县，围堰截流按 20 年一遇洪水线以下居住的人口及部分生产安置人口进行搬迁。考虑到移民搬迁的整体性和基础设施能及时建设到位，在资金能到位的情况下，各县（区）根据本县（区）的实际情况在不影响围堰截流工程进度的前提下，把洪水线穿过的村庄在洪水线以上的居民随同洪水线以下部分一同搬迁。根据施工进度要求，2007 年 11 月大江截流后，在汛期来临前，必须完成围堰截流直接淹没的移民搬迁工作，设计回水位淹没土地的兑付工作，在

2008 年 2 月底完成，并完成常年洪水淹没库区清理工作。2008 年 2 月 24 日，普洱市人民政府在景谷县召开围堰截流移民搬迁安置工作现场会议，要求糯扎渡水电站围堰截流移民在 5 月 15 日前全部完成高程 656.00m 以下的移民搬迁。5 月 25 日，云南省政府对围堰截流移民搬迁安置工作进行了验收。

糯扎渡水电站原计划 2011 年 11 月下闸蓄水，按照正常工作程序，完全迁出移民满足水电站下闸蓄水要求很难实现。为满足水电站下闸蓄水要求，昆明院根据新的移民安置方案、规划设计情况、移民安置实施情况编制完成《云南省澜沧江糯扎渡水电站建设征地移民安置进度计划调整可行性论证报告》。同年 10 月，云南省政府批复原则同意该论证报告。《云南省糯扎渡水电站建设征地移民安置进度计划调整可行性论证报告》是通过对施工进度、导流程序及下闸蓄水计划分析计算，从而将糯扎渡水电站建设征地移民安置工作按照 3 个时间段（2011 年 11 月、2012 年 4 月和 2012 年 7 月）、3 个水位（745.00m、790.00m 和 790.00m 以上）进行划分，再结合移民工程项目的建设周期和实施情况进行可行性分析论证。同时为保障进度计划调整可行性，从确保移民的生产生活水平不降低和生命财产安全、加强移民安置工作力度、维护社会稳定、建立和完善奖励机制等方面提出保障措施，并分析计算保障措施费用。2011 年 11 月，原省移民开发局以文件通知相关单位按照论证报告要求组织实施。水库淹没影响区移民安置工作主要从 2008 年开始，按照"国务院令第 471 号"和"07 水电工程移民规范"的要求开展，在 2010 年普洱市、临沧市明确移民安置方案后，糯扎渡水电站水库淹没影响区移民安置工作进入勘察设计和实施的高峰期。

糯扎渡水电站的移民规划设计周期漫长，时间跨度长达 10 年。根据"96 水电工程移民规范"的要求："对可能发生坍岸、滑坡的重要地段，应查明其工程地质及水文地质条件，在考虑库水位涨落规律的基础上，预测初期（5～10 年）和最终可能达到的坍滑范围，研究应否采取处理措施。"2007 年，新的移民规范提出："随着工作的深入及水库运行考验，经水库运行复核调查，根据实际发生情况、危害性及影响对象，影响待观区和没有界定为水库影响区的区域也可重新界定为新增影响处理区"。《糯扎渡水电站移民安置工作协调组会议纪要》（原省移民开发局会议纪要，2011 年第 6 期），明确"对移民强烈要求外迁安置的待观区人口，纳入搬迁安置规划设计处理，不再留待观区域"。至此，糯扎渡水电站水库淹没影响区范围界定规划设计工作中不再存在待观区域。

从 2011 年 4 月开始，各县（区）逐步开始启动实施水库淹没影响区移民工程项目和移民搬迁安置工作。2011 年 11 月和 2012 年 4 月，糯扎渡水电站工程蓄水一期（高程 745.00m 以下）和二期（高程 745.00～790.00m）建设征地移民安置基本完成，仅余部分专业项目改（复）建，但不影响下闸蓄水，库底清理基本完成。2013 年 3 月，糯扎渡水电站工程蓄水三期（高程 790.00～813.00m 及失稳区）建设征地移民安置工作在汛期（5 月 31 日）前全面完成，移民安置满足工程蓄水要求。至此，糯扎渡水电站移民安置任务第一期和第二期基本按计划完成，并满足水库下闸蓄水工程需要，移民安置任务第三期相对原计划推后半年，但由于主体工程蓄水从 2013 年汛期开始，移民安置工作基本未对主体工程蓄水计划造成影响。截止到 2013 年 9 月，第一期、第二期和第三期移民安置工作完成，并通过有关部门的专项验收。

在糯扎渡水电站移民安置过程中，原省移民开发局加强领导、项目业主积极参与、设计单位全程技术把关、综合监理和独立评估单位各司其职、地方政府高效推进，确保了移民安置工作顺利地实施完成。2013—2014 年，各县（区）全面启动了水库淹地影响区移民 7364 人的搬迁安置工作，建设完成集中安置点 9 个，安置 6342 人，自行安置 1022 人。其中：枢纽工程建设区移民安置工作从 2004 年开始，至 2006 年顺利实施完成；水库淹没影响区移民安置工作从 2009 年开始，至 2013 年顺利实施完成，并先后于 2011 年 11 月、2012 年 4 月和 2013 年 3 月通过了原省移民开发局组织的专项检查验收。糯扎渡水电站实施搬迁移民共 23925 人，其中：枢纽工程建设区 1579 人（集中安置 1420 人，自行安置 159 人），水库淹没影响区 22346 人（集中安置 16865 人，自行安置 5481 人）。至此，糯扎渡水电站移民已经全部搬迁入住，各县（区）移民搬迁安置工作已经实施完成。

糯扎渡水电站建设征地区属高山峡谷地区，社会基础设施薄弱，经济社会发展水平相对滞后。在糯扎渡水电站农村移民安置过程中，普洱市和临沧市提出多渠道多形式安置移民的要求，经昆明院分析研究并经原省移民开发局批复同意后，实行了逐年补偿为基础的多渠道多形式移民安置方式，对于愿意采取逐年补偿安置方式的移民，另外为每人在安置区配置了 0.3～0.5 亩的耕地，以满足其基本口粮田需求；对于不愿意采取逐年补偿方式仍按照大农业安置方式安置的移民，积极筹措土地，确保移民尽快恢复生产生活。通过对移民配置土地资源和采取后期产业扶持措施，农村移民收入水平迅速增长，移民思想观念逐步转变，移民劳动力从事非农产业活动的比例逐步上升，移民谋生手段和收入来源也不断走向多元化。

对于搬迁安置移民，大部分集中安置点规划在集镇附近、交通方便、就医和就学便利的平坝区域。在移民房屋建设过程中对安置点的总体布局、房屋朝向、移民宅基地面积等存在意愿变更的及时开展变更设计，在保证移民安置效果的同时还确保了移民安置工作合法、合规。移民搬迁入住新房后，实现了家家通水、通电、通路、通网和生活垃圾集中处理，大部分移民已提前达到小康住宅水平。

糯扎渡水电站建设和移民安置使得库区农村移民、集镇和专业项目等都得到了迅速发展，对库区移民生产生活水平、移民住房条件和居住环境提升，当地基础设施改善，城镇化发展水平提升，地方经济社会发展和产业结构调整产生了较大的推动作用。糯扎渡水电站建设征地移民安置工作完成后，库区移民生产生活水平明显提高，移民住房条件和居住环境得到改善，完善了当地基础设施条件，促进了地方城镇化发展水平，有力地推动了地方经济社会发展和产业结构调整。为地方政府巩固脱贫攻坚成果，实现乡村振兴战略打下了坚实的基础。

第 2 章

移民安置政策应用

1986 年,《澜沧江中下游河段规划报告》经水电部批复同意,标志着糯扎渡水电站相关前期工作正式启动;1989 年糯扎渡水电站项目建议书完成;1999 年 10 月,国家电力公司以国电水规〔1999〕507 号文批复了《澜沧江糯扎渡水电站预可行性研究报告》;2004 年,《糯扎渡水电站工程可行性研究报告》通过了水电水利规划设计总院的审查,同年,糯扎渡水电站工程开始筹建工作,枢纽工程勘察设计进入招标及施工图设计阶段;2005 年 2 月,受原省移民开发局的委托,昆明院承担了糯扎渡水电站建设征地移民安置实施阶段的勘察设计工作,至 2006 年先后编制完成《糯扎渡水电站枢纽工程建设区建设征地移民安置实施规划报告》和《云南澜沧江糯扎渡水电站围堰截流征地移民专题报告》,作为地方政府开展枢纽工程建设区和围堰截流区移民安置实施工作的依据。2006 年 7 月,国务院颁布了"国务院令第 471 号",为积极推进糯扎渡水电站工程建设和移民安置规划设计工作,2007 年昆明院编制完成《云南澜沧江糯扎渡水电站移民安置规划大纲》和《云南澜沧江糯扎渡水电站建设征地及移民安置规划报告》,同年通过了水电水利规划设计总院与原省移民开发局的联合审查,并经云南省人民政府批复,为糯扎渡水电站项目核准提供了支撑。2007 年 11 月,糯扎渡水电站大江截流以后,正式启动水库淹没影响区建设征地移民安置工作,主要经历了移民安置方案分析论证、建设征地移民安置进度计划调整可行性分析论证、水库淹没影响区移民安置勘察设计、淹地影响搬迁移民安置勘察设计,为满足方案论证、进度论证、程序及实施的需要,编制完成了大量的专题研究报告和设计报告,地方政府在此基础上于 2010—2014 年开展了水库淹没影响区的征地移民实施工作。

糯扎渡水电站工程从规划到建设历经了 30 多年,国家和云南省及有关部门在不断总结各个时期移民安置经验的基础上,为做好水电工程移民安置工作,陆续出台移民安置政策,并不断完善,妥善安置了移民,满足了工程建设顺利实施的需求,取得了一定效果。

与糯扎渡水电站移民安置工作密切相关的法律主要有:《中华人民共和国水法》《中华人民共和国土地管理法》《中华人民共和国环境保护法》《中华人民共和国水土保持法》。

与糯扎渡水电站移民安置工作密切相关的行政法规主要有:《大中型水利水电工程建设征地补偿和移民安置条例》(国务院令第 74 号)、《大中型水利水电工程建设征地补偿和移民安置条例》(国务院令第 471 号)、《中华人民共和国耕地占用税暂行条例》(国务院令第 511 号)。

与糯扎渡水电站移民安置工作密切相关的部门规章和规范性文件主要有:《国家计委关于印发水电工程建设征地移民工作暂行管理办法的通知》(计基础〔2002〕2623 号)、《森林植被恢复费征收使用管理暂行办法》(财综〔2002〕73 号)、《关于水利水电工程建设用地有关问题的通知》(国土资发〔2001〕355 号)。

与糯扎渡水电站移民安置工作密切相关的地方性法规、地方政府规章及规范性文件主要有:《云南省土地管理条例》、《云南省林地管理办法》、《云南省人民政府关于大中型水利水电建设项目征用国有、集体未利用地补偿费、安置补助费标准的批复》(云政复〔2003〕53 号)、《云南省人民政府关于贯彻落实国务院大中型水利水电工程建设征地补偿和移民安置条例的实施意见》(云政发〔2008〕24 号)、《云南省人民政府关于进一步做好大中型水电工程移民工作的意见》（云政发〔2015〕12 号）、《云南省移民开发局关于贯彻执行〈云南省澜沧江糯扎渡水电站多渠道多形式移民安置指导意见〉的通知》（云移澜〔2009〕11 号）、《云南省大中型水利水电工程建设征地移民安置实施阶段设计变更管理办法》（云移发〔2016〕112 号）、《普洱市人民政府办公室关于进一步加强农村宅基地管理工作的通知》（普政办发〔2013〕177 号）、《普洱市糯扎渡水电站建设征地移民产业发展扶持办法》（市政府常务会议通过）、《云南省耕地占用税实施办法》（云南省人民政府令第149 号）、2011 年《普洱市人民政府关于糯扎渡水电站建设征地零星果木和坟墓迁移补偿标准的通知》（普政发〔2011〕45 号）等。

与糯扎渡水电站移民安置工作有关的行业技术标准主要有：《水电工程水库淹没处理规划设计规范》（DL/T 5064—1996）、2007 年国家发展改革委出台的《水电工程建设征地移民安置规划设计规范》（DL/T 5064—2007）等系列规范。

2.1　法律

1. 《中华人民共和国水法》

这是国家针对合理开发、利用、节约和保护水资源，防治水害，实现水资源的可持续利用出台的法律，其对水工程建设涉及的移民问题进行了原则性的规定，规定对水工程建设移民实行开发性移民的方针，按照前期补偿、补助与后期扶持相结合的原则，妥善安排移民的生产和生活，保护移民的合法权益。同时也规定移民安置应当与工程建设同步进行。建设单位应当根据安置地区的环境容量和可持续发展的原则，因地制宜，编制移民安置规划，经依法批准后，由有关地方人民政府组织实施。所需移民经费列入工程建设投资计划。《中华人民共和国水法》提出的要求一直贯穿在糯扎渡水电站建设征地移民安置前期规划设计中，将实行开发性移民的方针，按照前期补偿、补助与后期扶持相结合的原则充分地运用到规划设计、实施各个环节中。

2. 《中华人民共和国土地管理法》

《中华人民共和国土地管理法》是我国土地管理方面的第一部大法，它为维护公有制、管好用好土地，以及惩治乱占滥用土地的违法行为，提供了基本的法律依据。

明确了耕地开垦费的缴纳条件和要求。"第三十一条　国家保护耕地，严格控制耕地转为非耕地。国家实行占用耕地补偿制度。非农业建设经批准占用耕地的，按照'占多少，垦多少'的原则，由占用耕地的单位负责开垦与所占用耕地的数量和质量相当的耕地；没有条件开垦或者开垦的耕地不符合要求的，应当按照省、自治区、直辖市的规定缴纳耕地开垦费，专款用于开垦新的耕地。"

明确了征地补偿标准及安置人口计算方法。"第四十七条　征收土地的，按照被征收土地的原用途给予补偿。征收耕地的补偿费用包括土地补偿费、安置补助费以及地上附着物和青苗的补偿费。征收耕地的土地补偿费，为该耕地被征收前 3 年平均年产值的 6～10倍。征收耕地的安置补助费，按照需要安置的农业人口数计算。需要安置的农业人口数，按照被征收的耕地数量除以征地前被征收单位平均每人占有耕地的数量计算。每一个需要安置的农业人口的安置补助费标准，为该耕地被征收前 3 年平均年产值的 4～6 倍。但是，每公顷被征收耕地的安置补助费，最高不得超过被征收前 3 年平均年产值的 15 倍。"

《中华人民共和国土地管理法》在糯扎渡水电站的主要应用体现在以下几个方面：

（1）按照该法，糯扎渡水电站以耕地为主要生活来源者，按照被征用的耕地数量除以征地前被征地单位平均每人占有耕地的数量计算了生产安置人口，确定了需要农业安置的水平年安置人口规模为 48571 人。

（2）考虑对需要补充耕地的进行耕地占补平衡规划，占用耕地与开发复垦耕地相平衡，对补充不了的耕地按照政策要求缴纳耕地开垦费。

（3）确定了可行性研究报告阶段糯扎渡水电站安置补助费为 4 倍，耕地土地补偿费加安置补偿费总补偿倍数水田、菜地为 12 倍，旱地为 10 倍。

3. 《中华人民共和国环境保护法》和《中华人民共和国水土保持法》

《中华人民共和国环境保护法》第十三条规定：建设污染环境项目，必须遵守国家有关建设项目环境保护管理的规定。建设项目的环境影响报告书，必须对建设项目产生的污染和对环境的影响作出评价，规定防治措施，经项目主管部门预审并依照规定的程序报环境保护行政主管部门批准。环境影响报告书经批准后，计划部门方可批准建设项目设计书。第二十六条规定：建设项目中防治污染的措施，必须与主体工程同时设计、同时施工、同时投产使用。防治污染的设施必须经原审批环境影响报告书的环境保护行政主管部门验收合格后，该建设项目方可投入生产或者使用。

《中华人民共和国水土保持法》第十五条规定：有关基础设施建设、矿产资源开发、城镇建设、公共服务设施建设等方面的规划，在实施过程中可能造成水土流失的，规划的组织编制机关应当在规划中提出水土流失预防和治理的对策和措施，并在规划报请审批前征求本级人民政府水行政主管部门的意见。第二十五条规定：在山区、丘陵区、风沙区以及水土保持规划确定的容易发生水土流失的其他区域开办可能造成水土流失的生产建设项目，生产建设单位应当编制水土保持方案，报县级以上人民政府水行政主管部门审批，并按照经批准的水土保持方案，采取水土流失预防和治理措施。没有能力编制水土保持方案的，应当委托具备相应技术条件的机构编制。第二十七条规定：依法应当编制水土保持方案的生产建设项目中的水土保持设施，应当与主体工程同时设计、同时施工、同时投产使用；生产建设项目竣工验收，应当验收水土保持设施；水土保持设施未经验收或者验收不合格的，生产建设项目不得投产使用。

《中华人民共和国环境保护法》和《中华人民共和国水土保持法》在糯扎渡水电站的应用主要体现在以下几个方面：

（1）按照上述法律要求，糯扎渡水电站工程项目编制了《云南澜沧江糯扎渡水电站环境影响报告书》《云南澜沧江糯扎渡水电站水土保持方案报告书》。2001 年 8 月 6 日，国家环境保护总局以环审〔2001〕157 号文对《云南澜沧江糯扎渡水电站环境影响报告书》进行了批复。该批复意见第二条要求"加强移民安置的环境保护工作，将环保措施纳入移民安置规划与设计方案中。并要求对集中移民安置点进行（建设）污水和垃圾处理设施。专项设施复建工程要单独实现环境影响评价制度。"第三条要求"做好水库库盆的清理工作，落实施工废水与生活污水和生活垃圾的处理设施……"。

（2）水利部对《云南澜沧江糯扎渡水电站水土保持方案报告书》进行了批复，要求

"移民安置区的水土保持措施由建设单位会同有关部门负责落实"。糯扎渡水电站移民安置水土保持措施由市水务局和市移民局联合组织审查，最终由市水务局进行了批复。

（3）因糯扎渡水电站的移民安置工程量巨大，移民安置对当地生态环境的影响已成为云南省有关部门十分关心的问题。云南省糯扎渡水电站建设领导小组提出了糯扎渡水电站移民安置应达到"搬得出、稳得住、能致富、环境得到保护"的总目标。为此，糯扎渡水电站农村集中移民安置区、集镇迁建区、专项设施复建区均开展了环境保护和水土保持规划设计，编制了《环境影响报告书》和《水土保持方案》，经行业主管部门审查批复后，作为开展后续初步设计及施工图设计的依据。环境保护和水土保持项目在实施过程中也坚持与主体工程同时设计、同时施工、同时投产使用的原则组织开展。

2.2 行政法规

1.《大中型水利水电工程建设征地补偿和移民安置条例》（国务院令第 74 号）

这是糯扎渡水电站预可研及可研阶段建设征地移民安置规划设计的主要支撑性法规，随着国家越来越重视征地移民工作，为加强大中型水利水电工程建设征地移民安置的管理，合理征用土地，妥善安置征地移民而制定。该条例为糯扎渡水电站移民安置规划提供了指导思想，即贯彻了《中华人民共和国水法》提出的"开发性移民"的方针，采取"前期补偿、补助与后期生产扶持"的办法，使移民的生产生活水平达到原有水平，并逐步走向富裕。提出移民安置应与库区建设、资源开发、水土保持、经济发展相结合，逐步使移民生活达到或者超过原有水平；规定移民安置应当因地制宜、全面规划、合理利用库区资源，就地后靠安置，没有后靠安置条件的，可以采取开发荒地滩涂、调剂土地、外迁等形式安置；提出移民安置首先应当在受益地区安置，受益地区安置不了的按照经济合理原则外迁安置；安置方式以大农业安置为主，也提出了移民自愿投亲靠友安置的方式。规定了集镇街场、专业单位的建设要求。还规定了大中型水利水电工程建设征用的土地，由建设单位按下列标准支付土地补偿费和安置补助费：

1）征用耕地的补偿费，为该耕地被征用前 3 年平均年产值的 3～4 倍；每一个需要安置的农业人口的安置补助费标准，为该耕地被征用前 3 年平均年产值的 2～3 倍。大型防洪、灌溉及排水工程建设征用的土地，其土地补偿费标准可以低于上述土地补偿费标准，具体标准由水利部会同有关部门制定。

2）依照该条例第五条规定支付土地补偿费和安置补助费，安置移民仍有困难的，可以酌情提高安置补助费；但是，土地补偿费和安置补助费的总和不得超过土地被征用前 3 年平均年产值的下列倍数：库区（含坝区）人均占有耕地 1 亩以上的，不得超过 8 倍；库区（含坝区）人均占有耕地 0.5～1 亩的，不得超过 12 倍；库区（含坝区）人均占有耕地 0.5 亩以下的，不得超过 20 倍。

"国务院令第 74 号"主要运用于糯扎渡水电站可行性研究报告阶段建设征地移民安置规划设计，其应用主要体现在以下几个方面：

（1）糯扎渡水电站移民安置规划设计的原则和指导思想按照"国务院令第 74 号"要求严格执行，并且在"国务院令第 74 号"的基础上创新地提出了移民安置规划设计要尊重各少数民族移民的民风民俗、生产生活习惯和宗教信仰的需要，以及移民安置规划要体现"以人为本"的思想，充分听取移民群众的意愿和当地干部的意见，这也是之后修订出台的"国务院令第 471 号"中所明确的要求。

（2）可行性研究报告阶段对库周和移民安置区环境容量进行充分论证，以土为本，为移民配备必需的生产用地，以大农业安置为主。库周环境从水库区涉及各县（区）有关乡镇现有的人口、土地资源和经济发展规划，分析该乡镇内移民安置的途径，然后在该县（区）土地资源较多的其他乡镇选择可能的移民安置区。针对该水库移民为边远少数民族的实际情况，农村移民安置规划总体思路是：以土为本，为移民配备必需的生产用地，以大农业安置为主。充分发挥土地资源潜力，调整和优化农业结构，发展农、林、果、茶、牧等在内的大农业，辅以家庭养殖业等形式进行安置。土地资源作为移民安置方案选择的主要依据，农业移民安置方案成立与否，主要看能否达到安置目标和实现安置标准所需要的土地资源量。对水库淹没所涉及县、乡、村的移民环境容量进行认真分析。移民动迁安置去向选择基本按照由近及远的原则进行：先考虑本组、本村安置，然后考虑乡内跨村安置，乡内安置不了的考虑在各县（区）范围内选择安置地点。对于动迁的 43602 人以及就地恢复生产的 4052 人，各县（区）共配置了耕地 91481 亩，其中水田 44346 亩、旱地 47135 亩，移民人均占有耕地面积 1.92 亩，其中水田 0.93 亩、旱地 0.99 亩。各县（区）为移民配置的耕地来源有：调剂划拨耕地、改造中低产田地和新开垦耕地等三种途径。调剂划拨现有耕地 43636 亩，其中水田 13879 亩、旱地 29757 亩，占总配置耕地数量的 48%；有偿调剂现有的 25°以下的坡耕地（中低产田地），采取改造成水平梯地，以及旱地改水田等措施，各移民安置区共改造耕地 32194 亩，其中旱地改水田 26968 亩、坡地改梯地 5226 亩，约占总配置耕地数量的 35%；在安置区规划宜农荒地新开垦成水田和旱地，并配套建设相应的水利工程设施，移民安置区共规划新开垦耕地 15651 亩，其中水田 3499 亩、旱地 12152 亩，占总配置耕地数量的 17%。移民需要配置的园地主要以划拨宜林荒山荒地新开发为主，按照当地的自然条件及市场情况，规划在移民安置区新开园地面积和发展项目，规划配置园地共 46387 亩。为移民配置的其他土地，主要是以现有林地为主，共 10.87 万亩（其中林地 10.76 万亩、其他土地 0.11 万亩）。为使移民在配置的土地上正常耕耘，达到旱涝保收，其水利灌溉工程设施是最基本的保证条件，结合当地原有的水利工程规划设计项目，进行实地查勘和测量，分析建设条件、工程规模、收益区范围等，重新进行规划设计。生产开发项目工程规模的确定以"为移民所用"为原则，如结合工程开发扩大容量和规模，则按照受益比例合理分摊工程投资。经规划设计，糯扎渡水电站各县（区）移民安置区共需建设蓄水工程 18 项，总库容 5720.7 万 m^3，需兴建引水灌溉干渠 25 条，总长 390.93km。

（3）糯扎渡水电站水库淹没涉及的集镇有景谷县益智乡政府驻地，为一非建制镇。水库淹没涉及的街场主要是澜沧县的虎跳石街场、热水塘街场。在进行规划时严格按照"国务院令第 74 号"要求"因兴建水利水电工程需要迁移的城镇，应当按照有关规定审批。按原规模和标准新建城镇的投资，列入水利水电工程概算；按国家规定批准新建城镇扩大规模和提高标准的，其增加的投资，由地方人民政府自行解决"执行。对 7 个咖啡场和 1 座水电基地以补偿为主，4 座加油站结合思澜公路改建进行迁建恢复其经营活动，主要是按照"国务院令第 74 号"要求"因兴建水利水电工程需要迁移的企业事业单位，其新建用房和有关设施按原规模和标准建设的投资，列入水利水电工程概算；因扩大规模和提高标准需要增加的投资，由有关单位自行解决"进行处理。

（4）耕地按照"国务院令第 74 号"和云南省土地政策采用安置补助费倍数为 4 倍。耕地土地补偿费加安置补助费总补偿倍数水田、菜地为 12 倍，旱地为 10 倍，园地补偿与安置补助费补偿倍数合计为 13 倍。

2.《大中型水利水电工程建设征地补偿和移民安置条例》（国务院令第 471 号）

2005 年以后我国水电开发进入高速发展阶段，为适应新的经济社会发展要求，做好建设征地补偿和移民安置工作，维护移民合法权益，保障工程建设顺利进行，2006 年国务院出台了"国务院令第 471 号"。

"国务院令第 471 号"进一步确定了国家的水库移民方针、征地补偿和移民安置的原则，规范了移民工作的程序，明确了"移民安置工作实行政府领导、分级负责、县为基础、项目法人参与的管理体制"，与旧的管理体制相比取消了投资包干的规定，同时第五十一条又规定国家对移民安置实行全过程监督评估，新增加了移民安置独立评估工作要求。明确了国家核准项目之前的两大任务（即编制移民安置规划大纲、移民安置规划）及内容，土地补偿政策和标准，各方在移民安置中的职责，以及监督管理的内容、对象、措施等。

"国务院令第 471 号"规定了应编制移民安置规划大纲和移民安置规划报告，规定了实物指标调查应当全面准确，应经被调查者签字认可并公示。要求编制移民安置规划应当以资源环境承载能力为基础，遵循本地安置与异地安置、集中安置与分散安置、政府安置与移民自找门路安置相结合的原则；应当尊重少数民族的生产、生活方式和风俗习惯。应当与国民经济和社会发展规划以及土地利用总体规划、城市总体规划、村庄和集镇规划相衔接。对农村移民安置进行规划，应当坚持以农业生产安置为主，遵循因地制宜、有利生产、方便生活、保护生态的原则，合理规划农村移民安置点；有条件的地方，可以结合小城镇建设进行。农村移民安置后，应当使移民拥有与移民安置区居民基本相当的土地等农业生产资料。应广泛听取移民和移民安置区居民的意见，必要时应当采取听证的方式。

"国务院令第 471 号"规定农村移民集中安置的农村居民点应当按照经批准的移民安置规划确定的规模和标准迁建。农村移民集中安置的农村居民点的道路、供水、供电等基础设施，由乡（镇）、村统一组织建设。农村移民住房应当由移民自主建造。有关地方人民政府或者村民委员会应当统一规划宅基地，但不得强行规定建房标准。农村移民安置用地应当依照《中华人民共和国土地管理法》和《中华人民共和国农村土地承包法》办理有关手续。

"国务院令第 471 号"第三十七条规定移民安置达到阶段性目标和移民安置工作完毕后，省、自治区、直辖市人民政府或者国务院移民管理机构应当组织有关单位进行验收；移民安置未经验收或者验收不合格的，不得对大中型水利水电工程进行阶段性验收和竣工验收。

"国务院令第 471 号"规定了征收耕地的补偿补助标准：大中型水利水电工程征收耕地的土地补偿费和安置补助费之和为该耕地被征收前 3 年平均年产值的 16 倍。而"国务院令第 74 号"第五条规定，征用耕地的补偿费，为该耕地被征用前 3 年平均年产值的

3~4 倍；每一个需要安置的农业人口的安置补助费标准，为该耕地被征用前 3 年平均年产值的 2~3 倍。

"国务院令第 471 号"规定了移民财产的补偿补助范围：①被征收土地上的附着建筑物，按照其原规模、原标准或者恢复原功能的原则补偿；②移民远迁后，在水库周边淹没线上属于移民个人所有的零星树木、房屋等，由于不在工程占地范围内，按照旧条例是不予补偿的，但考虑到移民不可能将这些财产带走，新条例将其也纳入了补偿范围；③对于补偿费用不足以修建基本用房的贫困移民，还要给予适当补助。

"国务院令第 471 号"规定了补偿补助资金来源与发放：①为了确保补偿补助制度落到实处，征地补偿和移民安置资金列入工程概算；②搬迁费以及移民个人房屋和附属建筑物、个人所有的零星树木、青苗、农副业设施等个人财产补偿费，由移民区县级人民政府直接全额兑补给移民；③土地补偿费、安置补助费，由安置区县级人民政府与承担安置任务的村民委员会等签订协议，按照妥善安排移民生产生活的原则，落实资金的发放。

"国务院令第 471 号"主要应用在糯扎渡水电站项目核准阶段及水库淹没影响建设征地移民安置规划设计，主要体现在以下几个方面：

（1）按"国务院令第 471 号"要求，在项目核准前编制《云南省澜沧江糯扎渡水电站移民安置规划大纲》和《云南省澜沧江糯扎渡水电站建设征地及移民安置规划报告》，通过了水电水利规划设计总院与原省移民开发局的联合审查，并经云南省人民政府批复。主要目的是为给新时期的移民工作提供有效的法律保障；切实维护移民合法权益；全面推进依法行政；贯彻开发性移民方针，促进移民增收与库区经济社会发展；坚持工程建设、移民安置与生态保护并重；明确移民工作管理体制，强化移民安置规划的法律地位，规范移民安置的程序和方式，完善移民后期扶持制度等。

（2）按照"国务院令第 471 号"的相关规定，为了顺利开展糯扎渡水电站建设征地移民安置规划设计工作，增加实施组织设计内容，拟定参与各方的职责及分工、移民安置实施进度计划内容。同时委托华东院开展移民安置独立评估工作。

（3）开展移民后期扶持规划设计，根据"国务院令第 471 号"第三条"国家实行开发性移民方针，采取前期补偿、补助与后期扶持相结合的办法，使移民生活达到或者超过原有水平"的相关规定，为实现移民"搬得出、稳得住、能致富、环境得到保护"的目标，进行糯扎渡水电站移民后期扶持。糯扎渡水电站移民后期扶持相关费用由国家统一筹措，不列入工程投资概算，按国家和云南省有关规定，纳入云南省大中型水库移民后期扶持，统一规划、统一实施。

（4）移民安置规划时尊重各少数民族移民的民风民俗、生产生活习惯和宗教信仰，移民安置规划更加体现了"以人为本"的思想，糯扎渡水电站移民安置时根据不同的民族，在安置区布设了寨门、村碑、宗教场所、寨心、土主、民俗活动场所等民风民俗设施。设计单位根据移民安置实际情况，共规划寨门 27 个、村碑 18 个、寨心 11 个、土主 16 个和庙房 10 个。

（5）糯扎渡水电站 2007 年围堰截流和 2011 年分三期水库下闸蓄水均由省搬迁安置办组织对移民安置进行了阶段性验收，通过验收后进行截流和蓄水。

（6）糯扎渡水电站水库淹没影响区土地补偿和安置补助费按照《云南省澜沧江糯扎渡

水电站建设征地及移民安置规划报告（补偿费用概算）(审定本)》中审定的单价计列，其中耕地的土地补偿费倍数和安置补助费倍数按"国务院令第 471 号"中的有关规定计，即两项之和的 16 倍。困难户建房补助费根据《糯扎渡水电站移民安置工作协调组会议纪要》（省搬迁安置办会议纪要，2010 年 12 月 21 日）关于糯扎渡水电站搬迁安置移民建房困难补助的执行标准，按照人均房屋补偿费不足以建盖 25m² 砖混结构房屋的，在原有房屋补偿费的基础上，按基本用房标准补足。

（7）由于糯扎渡水电站建设征地移民安置与 2007 年批复的移民安置规划发生较大变化，按照"国务院令第 471 号"要求"经批准的移民安置规划大纲和移民安置规划，不得随意调整或修改；确需调整或修改的，应当按照程序重新报批"，为严格执行程序，在工作过程中，对发生变化的项目履行了设计变更程序，为使变化后的移民安置规划具有完整性，目前正在结合移民安置调整变化情况编制移民安置规划调整报告。

3.《中华人民共和国耕地占用税暂行条例》（国务院令第 511 号）

2007 年 12 月，国务院公布《中华人民共和国耕地占用税暂行条例》（国务院令第 511 号），自 2008 年 1 月 1 日起施行。其主要内容如下：

关于征税对象，条例第四条规定：耕地占用税以纳税人实际占用的耕地面积为计税依据，按照规定的适用税额一次性征收。第十四条规定：占用林地、牧草地、农田水利用地、养殖水面以及渔业水域滩涂等其他农用地建房或者从事非农业建设的，比照本条例的规定征收耕地占用税。建设直接为农业生产服务的生产设施占用前款规定的农用地的，不征收耕地占用税。

关于征收标准，条例第五条规定耕地占用税的税额标准为：①人均耕地不超过 1 亩的地区（以县级行政区域为单位，下同），每平方米为 10～50 元；②人均耕地超过 1 亩但不超过 2 亩的地区，每平方米为 8～40 元；③人均耕地超过 2 亩但不超过 3 亩的地区，每平方米为 6～30 元；④人均耕地超过 3 亩的地区，每平方米为 5～25 元。国务院财政、税务主管部门根据人均耕地面积和经济发展情况确定各省、自治区、直辖市的平均税额。各地适用税额，由省、自治区、直辖市人民政府在本条第一款规定的税额幅度内，根据本地区情况核定。各省、自治区、直辖市人民政府核定的适用税额的平均水平，不得低于本条第二款规定的平均税额。

《中华人民共和国耕地占用税暂行条例》在糯扎渡水电站的应用主要体现在：糯扎渡水电站淹没影响的林地、牧草地、农田水利用地、养殖水面以及渔业水域滩涂等其他农用地依照当地适用税额征收耕地占用税，大型水电站工程建设占用耕地按照 24 元/m² 的适用税额征收耕地占用税。

2.3 部门规章和规范性文件

1.《国家计委关于印发水电工程建设征地移民工作暂行管理办法的通知》（计基础〔2002〕2623 号）

这个时期国家大的经济体制从计划经济逐步向市场经济进行转变，2002 年《国家计委关于印发水电工程建设征地移民工作暂行管理办法的通知》（计基础〔2002〕2623 号）

的出台，标志着国家移民安置管理体制从单一的"行政决策、政府主导"发展到"政府负责、投资包干、业主参与、综合监理"。该办法加强了对水电工程建设征地移民安置工作的管理，明确了各级地方政府、移民机构、项目法人、设计单位和监理单位等有关部门和单位的职责，强调了建设征地移民安置投资包干的措施要求，提出了地方政府、项目法人应设置建设征地移民管理机构的要求，特别是移民管理机构设置、移民综合监理参与、建设征地移民安置实施规划编制、后期扶持规划的首次提出，使移民安置工作的规范化管理迈进了一步。

糯扎渡水电站移民安置工作执行该办法的情况主要体现在以下几个方面：

（1）糯扎渡水电站涉及的各级移民管理机构从最初的国土部门内设机构发展到成立独立的移民管理机构，人员配置到位，职责明确，很好地对移民安置工作进行了管理，2004年原省移民开发局委托昆明院开展糯扎渡水电站建设征地移民安置综合监理工作，成立了项目部，并在普洱市设置了现场办公地点，派出了监理工程师对建设征地移民安置的总体进度、综合质量和补偿投资的使用进行全过程监理。

（2）按照该办法第十三条"工程开工后，必须依据批准的建设征地移民安置规划编制建设征地移民安置实施规划，并报省级人民政府批准"的要求，2004年，原省移民开发局委托昆明院编制枢纽工程建设区建设征地移民安置实施规划。本着实事求是、科学认真的精神，按照国家和云南省有关政策规定，昆明院进行了糯扎渡水电站枢纽工程建设区和围堰截流区建设征地移民安置实施规划设计，其是地方移民机构和有关部门开展施工图设计和组织移民实施搬迁安置的依据。移民安置实施规划设计是移民搬迁安置前一个重要设计阶段，为做好该项工作，昆明院编制了招标设计阶段建设征地及移民安置实施规划设计工作大纲，实施规划依据的政策与可研报告基本一致，但具体实施操作要求上，又在原可研报告基础上有所细化和加深。

（3）按照该办法的要求，在糯扎渡水电站移民安置规划设计时对后期扶持提出了具体要求，主要提出了后期扶持范围、扶持对象、后期扶持规划的项目和内容、后期扶持的时间与扶持标准、后期扶持资金来源与使用原则。国家对后期扶持主要任务的规定是对移民后期生产和生活进行扶持，逐步提高和改善移民生产生活水平，在此背景下明确移民后期扶持的主要项目是：生产开发配套工程的修补和完善、生产开发集约化经营和持续发展项目以及移民初期生活补助。

2.《森林植被恢复费征收使用管理暂行办法》（财综〔2002〕73号）

2002年财政部、国家林业局联合印发的《森林植被恢复费征收使用管理暂行办法》，提出了征收、使用管理等要求，森林植被恢复费属于政府性基金，纳入财政预算管理，第四条规定：凡勘查、开采矿藏和修建道路、水利、电力、通信等各项建设工程需要占用、征用或者临时占用林地，经县级以上林业主管部门审核同意或批准的，用地单位应当按照本办法规定向县级以上林业主管部门预缴森林植被恢复费。第六条规定了森林植被恢复费征收标准按照恢复不少于被占用或征用林地面积的森林植被所需要的调查规划设计、造林培育等费用核定。具体征收标准如下：

（1）用材林林地、经济林林地、薪炭林林地、苗圃地，每平方米收取6元。

（2）未成林造林地，每平方米收取4元。

（3）防护林和特种用途林林地，每平方米收取 8 元；国家重点防护林和特种用途林地，每平方米收取 10 元。

（4）疏林地、灌木林地，每平方米收取 3 元。

（5）宜林地、采伐迹地、火烧迹地，每平方米收取 2 元。

《森林植被恢复费征收使用管理暂行办法》在糯扎渡水电站的应用主要体现在：糯扎渡水电站淹没影响区森林植被恢复费按照《森林植被恢复费征收使用管理暂行办法》（财综〔2002〕73 号）征收，其中经济林、用材林林地按 6 元/m²（4002 元/亩），灌木林地按 3 元/m²（2001 元/亩）。

3.《关于水利水电工程建设用地有关问题的通知》（国土资发〔2001〕355 号）

《中华人民共和国土地管理法》第五十一条规定："大中型水利、水电工程建设征用土地的补偿标准和移民安置办法，由国务院另行规定"。为保障水利水电工程建设用地，在《大中型水利水电工程建设征地补偿和移民安置条例》修订颁布实施前，根据《中华人民共和国土地管理法》和有关规定，2001 年国土资源部发布了国土资发〔2001〕355 号文。

国土资发〔2001〕355 号文规定了以下关于征地补偿安置的主要要求：

（1）水利水电工程建设项目法人在《中华人民共和国土地管理法》（1999 年 1 月 1 日）实施以后开始进行坝区、库区建设以及移民迁建、专项设施迁建，申请建设用地涉及征用农村集体耕地的，应按《中华人民共和国土地管理法》规定的标准核定土地补偿费、安置补助费；涉及征用其他土地的土地补偿费、安置补助费标准，地上附着物和青苗的补偿标准，按各省、自治区、直辖市规定标准执行。移民迁建用地涉及地上附着物的补偿应遵守按原规模、原标准、恢复原功能的原则。

建设项目法人支付的土地补偿费和安置补助费尚不能使需要安置的移民保持原有生产和生活水平的，可酌情提高安置补助费标准。土地补偿费和安置补偿费的总和不得超过法律规定的最高标准。征地补偿费用标准未达到法定标准的，建设项目法人应调整工程概算总投资。

（2）水利水电工程在《中华人民共和国土地管理法》（1999 年 1 月 1 日）实施以前，坝区已经开工建设，或库区已经蓄水淹没，开始实施移民迁建、专项设施迁建用地的，坝区、库区以及已经使用的移民迁建、专项设施迁建用地，按原《土地管理法》有关规定核定征地补偿费用标准，以县为单位由所在省级人民政府批准完善用地手续；新《土地管理法》实施以后发生的库区淹没用地以及移民迁建、专项设施迁建用地，原则上按新《土地管理法》的规定核定征地补偿费用标准，依法办理建设用地审批手续。

（3）水利水电工程用地在《中华人民共和国土地管理法》（1999 年 1 月 1 日）实施以前已依法经有批准权的人民政府批准，以后实际使用的土地，当地人民政府、建设项目法人要共同做好被征地单位群众的工作，保证工程及时用地。征地补偿费用确实难以妥善安置移民生产和生活的，建设项目法人可商当地人民政府，酌情予以补助，以保证被征地单位群众生活水平不降低。

同时规定向建设项目法人收取耕地开垦费，可区分情况实行以下不同的标准：①坝区、移民迁建和专项设施迁建占用耕地，按各省、自治区、直辖市人民政府规定的耕地开垦费下限标准全额收取；②以发电效益为主的工程库区淹没耕地，可按各省、自治区、直辖市人民政府规定的耕地开垦费下限标准的 80% 收取；③以防洪、供水（含灌溉）效益为主的工程库区淹没耕地，可按各省、自治区、直辖市人民政府规定的耕地开垦费下限标准的 70% 收取；④省、自治区、直辖市人民政府已对水利水电工程耕地开垦费标准作出专门规定的，按地方政府有关规定收取耕地开垦费。

国土资发〔2001〕355 号文主要应用于糯扎渡水电站可行性研究报告阶段及枢纽工程建设区建设征地移民安置实施规划设计阶段，具体体现在以下几个方面：

（1）糯扎渡水电站对耕地按《中华人民共和国土地管理法》（1999 年 1 月 1 日）核定了土地补偿费、安置补偿费，林地、园地补偿标准，还执行了云南省出台的规定标准。

（2）根据国土资发〔2001〕355 号文的规定，"国家实行耕地补偿制度，非农建设经批准占有耕地要按照'占多少，补多少'的原则，由占用耕地单位负责开垦与占用耕地数量和质量相当的耕地，没有条件开垦或者开垦的耕地不符合要求的，应当按照省、自治区、直辖市的规定缴纳开垦费，专款用于耕地"。为此，进行了糯扎渡电站工程建设征地占补平衡规划。占补平衡考虑建设征地征占用耕地面积扣除 25°以上坡耕地面积和移民安置区新垦耕地面积后缴纳相应的费用。

2.4 地方性法规、地方政府规章及规范性文件

1. 《云南省土地管理条例》（1999 年 9 月 24 日）

《云南省土地管理条例》是由云南省第九届人民代表大会常务委员会第十一次会议于 1999 年 9 月 24 日审议通过的，主要根据《中华人民共和国土地管理法》《中华人民共和国土地管理法实施条例》等有关法律法规，结合云南省实际制定。主要规定如下。

（1）第二十三条中规定的征用土地的土地补偿费标准如下：

1）征用菜地、水田按照该耕地被征用前 3 年平均年产值（下同）的 8～10 倍补偿，水浇地、园地、藕塘按照 7～9 倍补偿，望天田、旱地按照 6～8 倍补偿，轮歇地按照 6 倍补偿，牧草地、鱼塘按照 3～5 倍补偿。

2）征用种植 3 年以下新开垦耕地，按照上年产值的 2 倍补偿，并补偿开发投资。

3）征用宅基地、打谷场、晒场等生产、生活用地，按照原土地类别补偿。

（2）第二十四条中规定的征用土地的安置补助费标准如下：

1）被征地单位人均耕地在 666.7m² 以上的，安置补助费总额为被征用耕地前 3 年平均年产值（下同）的 4 倍；人均耕地在 666.7m² 以下的，每减少 50m²，增加年产值的 1 倍；被征用耕地的安置补助费总额最高不得超过被征用前 3 年平均年产值的 15 倍。

2）征用园地、藕塘的安置补助费，为该地、塘年产值的 6 倍。

3）征用鱼塘的安置补助费，为该地年产值的 4 倍。

4）划拨国有农场、林场、牧场、渔场土地的安置补助费，为该地年产值的 5 倍。

5）征用集体的宅基地、建设用地、打谷场、晒场、新开垦 3 年以下的种植地的，为原土地类别年产值的 4 倍。

（3）第十四条中规定了耕地开垦费的缴纳倍数问题，从事非农业建设的单位和个人，经批准占用耕地的，应当开垦与所占耕地数量和质量相当的耕地；没有条件开垦的，应当

按照所占耕地前 3 年平均年产值的 3～8 倍的标准缴纳耕地开垦费；开垦的耕地不符合要求的，对不符合的部分缴纳耕地开垦费。

（4）第三十三条中规定了农村村民宅基地的面积问题，农村村民一户只能拥有一处宅基地，用地面积按照以下标准执行：①城市规划区内，人均占地不得超过 $20m^2$，一户最多不得超过 $100m^2$；②城市规划区外，人均占地不得超过 $30m^2$，一户最多不得超过 $150m^2$。人均耕地较少地区的农村村民宅基地面积，在上述标准内从严控制；山区、半山区、边疆少数民族地区的农村村民宅基地标准，可以适当放宽。具体执行标准，由州、市人民政府和地区行政公署根据实际情况制定，报省人民政府批准。

《云南省土地管理条例》（1999 年 9 月 24 日）在糯扎渡水电站的应用主要体现如下：

（1）可行性研究报告阶段建设征地移民安置规划设计时耕地安置补助费倍数为 4 倍，耕地土地补偿费加安置补助费总补偿倍数水田、菜地为 12 倍，旱地为 10 倍，园地补偿与安置补助费补偿倍数合计为 13 倍。

（2）移民安置实施阶段糯扎渡水电站水库淹没影响区耕地开垦费按照《云南省物价局省财政厅关于耕地开垦费征收标准有关问题的通知》（云价综合〔2010〕150 号）确定的各县（区）征收标准执行。

（3）移民安置实施阶段《普洱市人民政府办公室关于进一步加强农村宅基地管理工作的通知》（普政办发〔2013〕177 号）主要规定了"山区、半山区农村宅基地标准可适当放宽，但最高不得超过 $250m^2$"。

2. 《云南省林地管理办法》（云南省人民政府令第 43 号，1997 年 3 月 31 日）

《云南省林地管理办法》是云南省人民政府根据《中华人民共和国森林法》《中华人民共和国土地管理法》等法律、法规，结合云南省实际，于 1997 年正式发布，规定了以下主要补偿要求：

（1）占用、征用林地的补偿费标准如下：

1）郁闭成林林地，按占用、征用时该林地上林木蓄积量价值的 3～5 倍计算。

2）天然幼龄林地和灌木、薪炭林地，视林木生长状况，按郁闭成林林地的 30％～60％计算。

3）人工幼龄林地，按造林、抚育、管护成本费的 4 倍计算。

4）经济林林地（包括果园、竹林），按盛产期年产量价值的 6 倍计算。

5）特种用途林林地，按郁闭成林林地的 4 倍计算。

6）防护林林地，按郁闭成林林地的 3 倍计算。

7）苗圃地，按前 3 年平均年产值的 6 倍计算。

8）宜林地、未成林林地，按郁闭成林林地的 30％计算。

占用、征用省辖市或者州人民政府、地区行政公署所在地的市（县）规划区的林地，可以根据本地实际，适当提高补偿费标准，但最高不得超过本条各项规定标准的 1.5 倍。

（2）砍伐林木的补偿费标准如下：

1）用材林：人工幼龄林每株按造林总成本的 8 倍计算，天然幼龄林每株按人工幼龄林的 30％计算，中龄林和近熟林，按占用、征用林地时，该林地林木蓄积量价值的 80％计算，成熟林和过熟林，按所采伐木材价值的 30％计算。

2）防护林和特种用途林，按用材林补偿费标准的 5 倍计算。

3）经济林，按当地前 3 年同种盛产期林木平均年产值的 2 倍计算。

4）珍贵树种，按树种木材价值的 10 倍计算。

5）苗圃地苗木，按当地同种苗木出圃时的售价计算。

（3）占用、征用林地的安置补助费标准如下：

1）占用国有林地的，按前 3 年平均年产值的 4 倍计算。

2）征用集体林地的，按前 3 年平均年产值的 2 倍计算。

3）也可以用安置被占用、征用林地单位的多余劳动力就业等其他方式代替交纳安置补助费。

《云南省林地管理办法》在糯扎渡水电站的应用主要体现在：糯扎渡水电站林地按《云南省林地管理办法》的规定，全面分析计算了占用、征用林地的林地补偿费、林木补偿费、安置补助费和森林植被恢复费等 4 项费用。

3.《云南省人民政府关于大中型水利水电建设项目征用国有、集体未利用地补偿费、安置费标准的批复》（云政复〔2003〕53 号）

2003 年 7 月，省国土资源厅以《关于确定大中型水利水电建设项目征用国有、集体未利用地补偿费、安置费标准的请示》（云国土资发〔2003〕76 号）上报云南省人民政府，请示确定征占未利用地的补偿标准，得到了云南省人民政府的批复，该文件主要规定了在云南省辖区内建设大中型水利水电建设项目征用国有、集体未利用地补偿费、安置费标准，按该项目征用旱地补偿费、安置费标准的 1/2 执行。

糯扎渡水电站征占未利用地的补偿标准按照旱地一半执行。

4.《云南省人民政府关于贯彻落实国务院大中型水利水电工程建设征地补偿和移民安置条例的实施意见》（云政发〔2008〕24 号）

为全面贯彻落实国务院颁布的"国务院令第 471 号"，认真做好云南省水利水电工程建设征地和移民安置工作，维护移民合法权益，促进水利水电工程建设健康发展，结合云南省实际，云南省人民政府于 2008 年提出该实施意见。主要规定如下：

（1）管理更具体、要求更明确。该实施意见主要为贯彻"国务院令第 471 号"的相关要求，结合云南省实际提出，提出的管理体制为云南省大中型水利水电工程建设征地补偿和移民安置工作实行"政府领导、分级负责、县为基础、项目法人参与"的管理体制。指出省、州（市）人民政府负责移民安置工作的组织和领导，县（市、区）人民政府是责任主体和实施主体，负责本行政区域的组织和实施，省、州（市）移民管理机构负责移民安置工作的管理、协调、监督和服务，县（市、区）移民管理机构负责实施。

明确了大中型水利水电工程建设移民安置工程开工后，由省移民主管部门委托设计单位派出综合设计代表进驻实施现场，负责向实施单位解释设计意图。在实施中确需对方案进行重大调整和变更时，由项目责任单位提出，设计单位和监督评估单位提出意见后，逐级上报原审批单位批准后执行。

明确了移民单项工程的设计、施工、监理单位应通过公开招投标方式确定。本行政区域内移民安置项目，可根据项目的具体情况，依据有关规定实行"代建制"，由当地人民政府委托项目管理单位，并与之签订进度、质量、资金包干合同。

指出了大中型水利水电工程建成后形成的水面和水库消落区土地属于国家所有，由该工程管理单位负责管理，并可以在服从水库统一调度和保证工程安全、符合水土保持和水质保护要求的前提下，通过当地县级人民政府优先安排给当地农村移民使用。

提出了对移民安置要实行全过程监督评估，对移民安置和水库移民后期扶持要实行全过程监督和管理。提出了省移民主管部门和项目法人单位采取招标的方式委托有相应资质单位开展工作。

（2）加强移民安置规划设计工作，提出具体设计要求。规定了移民安置规划大纲编制阶段的工程占地和淹没区实物调查工作开始前，省人民政府发布"封库令"，项目法人或项目主管部门应向省移民主管部门报送下达"封库令"的申请及相关材料，由省移民主管部门征求省投资主管部门和相关人民政府的意见后报请省人民政府下达"封库令"。要求项目法人对明确范围进行打桩定界，设置明显的永久性标志。

规定了国家投资主管部门立项或核准的大中型水利水电工程的移民安置规划大纲，由项目法人单位或项目主管部门报省移民主管部门审查后报省人民政府审批。省投资主管部门立项或核准的水利水电工程移民安置规划大纲报省移民主管部门审批。移民安置规划，报省移民主管部门审核后，由项目法人或项目主管部门报项目审批或核准部门，与可行性研究报告或项目申请报告一并审批或核准。同时明确了在审查移民安置规划大纲和审核移民安置规划前，应当征求省级相关部门和移民区、移民安置区县级以上人民政府的意见。当地人民政府应当出具书面意见。

明确规定移民安置规划经审批后3年尚未开工建设或5年未实施移民搬迁安置的，开工建设或实施搬迁前应全面复核实物指标、重新组织编制移民安置规划，按照审批程序重新进行审批。

移民安置规划阶段，对实物指标调查成果进行复核和分解时，由设计单位牵头，在项目法人单位参与下，县（市、区）人民政府应按照经批准的移民安置规划大纲，组织相关部门和工程占地区涉及的有关乡（镇）、村民委员会和村民小组，将集体、个人财产细化、分解到农村集体经济组织和移民户，填写移民手册，并取得其签字认可，经县（市、区）人民政府审核后，向群众公示。

提出了多渠道安置农村移民，水库淹没区、安置区各级人民政府和移民部门应当根据当地的环境、资源、产业结构调整和城镇建设的实际状况，坚持多渠道、多途径、多形式安置的方针安置农村移民。对于容量有限、开发过度、相对贫困，就地就近农业安置十分困难的项目，有条件的可采取进入城镇安置、二三产业安置、调整和开发农业产业安置、农村老龄移民养老安置等多种形式安置农村移民。对于其他有一定环境容量安置移民的项目，应以就地就近农业安置为主，辅之以其他安置方式。

（3）严格执行移民补偿补助政策要求。主要体现在：①大中型水利水电工程建设征收耕地的，耕地亩产值以库区实地测算的平均亩产值计算。土地补偿费和安置补助费按照该耕地征占用前3年平均年产值的16倍计算。土地补偿费和安置补助费不能使需要安置的移民保持原有生活水平，需要提高标准的，由项目法人或项目主管部门报项目审批或核准部门批准。②征收园地的土地补偿费和安置补助费标准，按照园地征占用前3年平均年产值的15倍计算。③征收林地的补偿标准按照《云南省林地管理办法》的标准执行。④征收未利用土地的补偿费、安置补助费标准按照该项目占用旱地补偿费、安置补助费标准的1/2执行。⑤征收其他土地的土地补偿费和安置补助费标准，按照省人民政府规定的标准执行。⑥被征收土地上的零星树木、青苗等补偿标准由工程所在州（市）人民政府另行制定。⑦被征收土地上的附着建筑物按照其原规模、原标准或者恢复原功能的原则补偿。对于原标准、原规模低于国家相关标准下限的，按照国家规定范围的下限建设；对于原标准、原规模高于国家相关标准上限的，按照国家规定范围的上限建设。对补偿费用不足以修建基本用房的移民户，应计列建房困难户补助费，以使其可修建基本用房。人均基本用房面积的计算标准为：人均砖木结构房屋 20m² 建筑面积。⑧移民远迁后，其在建设征地红线范围之外本村民小组地域内的房屋、附属建筑物、零星果木等私人财产应当予以补偿；无法利用又无法调剂转让的剩余集体资产应提出处理措施。

云政发〔2008〕24 号文在糯扎渡水电站水库淹没影响区移民安置规划中的应用主要体现在以下几个方面：

（1）糯扎渡水电站完全按照"政府领导、分级负责、县为基础、项目法人参与"的管理体制开展建设征地移民安置工作，省、市、县（区）移民管理机构健全，责任明确。

（2）2007 年以后各县（区）陆续启动糯扎渡水电站水库淹没影响区实物指标分解细化工作，主要由地方政府牵头完成，昆明院负责技术把关，提出相关技术要求。实物指标分解细化和补充调查在可研报告阶段调查成果基础上，进一步落实到最小权属人或单位，对可研阶段已调查的且在本阶段未发生变化的不再进行调查，对发生变化的和未调查的实物指标进行补充调查。在工作开展前按照明确处理范围现场测设了永久界桩，编制实物指标分解细化技术要求，明确分解细化内容和方法，制定实物指标分解细化表格，进行工作技术指导，依据行业的土地分类、房产测量等标准规范开展分解细化工作，调查成果经相关各方签字认可，分不同项目内容、不同公示范围进行三榜公示，每榜公示时间为 7 天，第三榜为最终版，对第二榜公示有异议的，须处理后再进行公示。各县（区）实物指标逐级上报确认，最后得到省搬迁安置办确认。

（3）2009 年，糯扎渡水电站移民安置工作协调会正式明确开展移民安置综合设计工作。2010 年，昆明院正式组建综合设计代表处，在普洱市思茅区和临沧市临翔区设立现场办公场所，配备人员和设备履行综合设代职责。

（4）原省移民开发局和澜沧江公司共同委托昆明院开展移民综合监理工作，华东院开展移民安置独立评估工作。

（5）为妥善安置糯扎渡水电站移民，普洱、临沧两市结合糯扎渡水电站移民安置实际提出多渠道多形式安置移民的要求。原省移民开发局会同云南省发展改革委于 2008 年 7 月 18 日在昆明召开了澜沧江糯扎渡水电站建设征地移民工作会议，会议认为糯扎渡水电站移民推行长效补偿多渠道多形式安置方式是可行的。会议主要对糯扎渡水电站移民安置方式进行了专题研究，并形成了《澜沧江糯扎渡水电站移民工作会议纪要》（原省移民开发局会议纪要，2008 年第 23 期），明确提出澜沧江糯扎渡水电站全面推行长效补偿多渠道多形式移民安置方式，培育发展特色优势产业，促进库区和移民安置区经济社会发展，推进社会主义新农村建设，加速城镇化进程，构建和谐社会。提出多渠道、多形式安置移民，结合二三产业的发展，充分尊重当地少数民族的民风民俗及生产生活习惯，充分利用已经实施的项目和流转的土地资源等。

（6）糯扎渡水电站水库淹没影响搬迁安置主要采取了就近后靠安置和远迁靠近集镇安置相结合的方式进行。

（7）糯扎渡水电站水库淹没影响区耕地土地补偿费和安置补助费按照该耕地征占用前3年平均年产值的16倍计算；征收园地的土地补偿费和安置补助费标准，按照该园地征占用前3年平均年产值的15倍计算；征收林地的补偿标准按照《云南省林地管理办法》的标准执行；征收未利用土地的补偿费、安置补助费标准按照该项目占用旱地补偿费、安置补助费标准的1/2执行。

（8）移民安置实施阶段对房屋补偿单价按2011年价格水平测算，《糯扎渡水电站移民安置工作协调组会议纪要》（原省移民开发局会议纪要，2011年第10期）予以确认，其中非农业房屋补偿单价按照农业房屋补偿单价的1.2倍计列。

（9）糯扎渡水电站零星树木和坟墓迁移补偿标准根据《普洱市人民政府关于糯扎渡水电站建设征地零星果木和坟墓迁移补偿标准的通知》（普政发〔2011〕45号）和《临沧市人民政府关于上报糯扎渡水电站临沧库区移民被征收土地上的零星果木树和坟墓补偿标准的函》（临政函〔2011〕9号）制定的标准执行。

（10）困难户建房补助费按照人均房屋补偿费不足以建盖25m²砖混结构房屋的，在原有房屋补偿费的基础上，按基本用房标准补足。

5.《云南省人民政府关于进一步做好大中型水电工程移民工作的意见》（云政发〔2015〕12号，以下简称《意见》）

按照"国务院令第471号"和《国家发展改革委关于做好水电工程先移民后建设有关工作的通知》（发改能源〔2012〕293号）精神，根据云南省当前水电工程移民工作面临的新形势、新任务和新要求，为切实做好云南省水电工程移民工作，云南省人民政府于2015年发布该意见，主要政策规定如下：

（1）关于适用范围的规定。《意见》的适用对象是在建、新建的大中型水电工程移民安置和后期扶持。主要基于以下考虑：一是大型水电工程建设征地移民安置按照传统的农业安置方式，难以妥善安置好移民的生产生活，采取逐年补偿安置方式是大型水电工程建设安置移民的有效措施；二是把中型水电站纳入《意见》中来，主要是考虑到云南省已经有一些中型水电站实施了逐年补偿安置方式，为统筹平衡移民安置政策，故今后新开工建设的中型水电站可参照执行本《意见》的相关规定。

（2）关于科学编制移民安置规划的主要规定。第一，《意见》中提出的在建、新建的大中型水电工程农村移民可实行逐年补偿安置方式。这与"159号文件"的规定有所区别，在"159号文件"中，是把逐年补偿安置方式作为移民选择其他安置方式的"前提和基础"，而《意见》中是把逐年补偿安置方式与其他安置方式并列，是农业安置、第三产业安置、货币安置、复合安置、城（集）镇安置、集中安置、分散安置等安置方式的补充，移民可以根据自己的意愿自由选择，更好地确保了移民享有充分的选择权。第二，《意见》中提到的对影响较大的非搬迁就地恢复生产安置的移民村组，应规划对其基础设施和公共服务设施进行必要的改造和配套建设。主要是考虑到目前国家《水电工程建设征地移民安置规划设计规范》（DL/T 5064—2007）中无此方面的明确规定，移民要求解决这方面问题的诉求很高，此问题的解决事关移民群众长远发展和社会稳定，但由于此项工作政策性和技术性都较强，《意见》对此提出了原则性要求，具体措施和标准可在实际工作中由相关各方根据具体情况研究确定。

（3）关于依法开展移民工作的主要规定。《意见》提出依法开展移民工作，是为了贯彻落实党的十八届四中全会精神，充分保障移民合法权益。主要是针对当前部分水电工程项目未严格执行国家有关政策法规，未坚持"先移民后建设"的工作方针，未依法征求移民安置意愿，移民安置规划未经审批，就提前开展移民安置工作等问题而作出的规定和要求。移民安置进度应适度超前于水电站主体工程建设进度，是指不能以主体工程建设进度要求倒排移民安置工作计划，出现"水撵人"的情况，更不能对移民实施临时搬迁过渡安置。

（4）关于科学有序合力推进移民后期扶持工作的规定。《意见》针对全省移民工作中存在的移民安置规划与移民后期扶持规划、国民经济和社会发展总体规划及其他专项规划未能有机衔接的问题，明确了几个规划有机衔接的程序、责任和要求：水电项目法人组织编制的移民安置规划应将移民后续产业发展纳入其中，地方政府编制移民后期扶持要与移民安置规划有机衔接，各级政府和有关部门还要把移民安置规划、后期扶持规划与其他专项规划有机衔接，并纳入当地国民经济和社会发展总体规划。《意见》同时强调了水电工程项目法人要主动筹集资金，建立移民产业发展专项扶持资金，共同推进移民持续发展，充分发挥政策、资金和项目的聚合效应，为尽快恢复和提高移民生产生活水平创造条件。

（5）关于加强组织领导的规定。《意见》根据《云南省人民政府关于贯彻落实国务院大中型水利水电工程建设征地补偿和移民安置条例的实施意见》（云政发〔2008〕24号）的相关规定，进一步明确了各级人民政府（滇中产业新区管委会）和各有关部门在开展移民工作中的职责，特别强调了县级人民政府是移民工作的责任主体和实施主体，必须切实履行工作职责，做好各项移民工作。大型水电工程项目法人，只能与省人民政府或其委托的移民管理机构签订移民安置工作协议。

（6）关于新老政策的衔接问题。《意见》中提出的本意见印发执行前，移民安置规划已通过审批的水电工程，按审定的逐年补偿标准执行的规定，是为了保障云南省逐年补偿安置方式政策实施的连续性和平稳性，促进水电工程建设的顺利推进。审定的移民安置规划（可研阶段）中已经明确了逐年补偿标准的，按照审定的逐年补偿标准执行；审定的移民安置规划中未明确逐年补偿标准，但在实施过程中已明确了逐年补偿实施办法和意见，并且已组织实施了逐年补偿安置方式的，继续执行已经明确的逐年补偿实施办法和意见。

（7）关于移民建房困难户补助标准的规定。移民建房困难户补助的人均"基本用房"面积为25m²（砖混结构），是依据国家《水电工程建设征地移民安置补偿费用概（估）算编制规范》（DL/T 5382—2007）中"人均'基本用房'面积采用省级人民政府规定"，根据云南省移民工作的实际而制定的。移民建房困难户补助费按移民人均25m²砖混结构住房补偿费与原计列住房补偿费的差额计算，其他杂房、生产性用房等房屋面积不能纳入计算范围。

（8）关于逐年补偿标准确定原则的规定。第一，《意见》主要是针对目前云南省各大型水电站移民逐年补偿标准计算原则和方法不一致，导致移民相互攀比的问题而制定的原则规定。第二，《意见》中提出的逐年补偿标准是指年标准。其计算方法：一是按工程建设征地处理范围内涉及人口的人均耕（园）地面积被征收前 3 年平均年产值计算确定；二是按省国土资源部门公布的征地统一年产值计算确定。在具体实施中，村民小组集体经济组织人均耕（园）地面积不足 1 亩的，逐年补偿标准可按 1 亩计算。第三，《意见》中所提到的"征地补偿费"包括土地补偿费和安置补助费两部分费用。

关于逐年补偿标准调整机制的主要规定。《意见》中提出的逐年补偿标准调整机制是指：审定的逐年补偿标准每年按一定金额作逐年调整。对确定享受逐年补偿的移民人口，2015 年在审定的逐年补偿标准（年标准）基础上，每人增加 120 元，相当于每人每月增加 10 元；2016 年在 2015 年的基础上，每人增加 120 元，相当于每人每月增加 10 元；2017 年在 2016 年的基础上，每人增加 120 元，相当于每人每月增加 10 元。

糯扎渡水电站应用云政发〔2015〕12 号文主要体现如下：

（1）对逐年补偿标准进行实时调整，目前逐年补偿标准已从原确定的 187 元/（人·月）调整到 2019 年的 239.8 元/（人·月），充分考虑与社会经济发展协同发展，提高移民收入水平。

（2）按照云政发〔2015〕12 号文的规定，对影响较大的非搬迁就地恢复生产安置的移民村组，应规划对其基础设施和公共服务设施进行必要的改造和配套建设。考虑到当时《水电工程建设征地移民安置规划设计规范》（DL/T 5064—2007）中无此方面的明确规定，而移民要求解决这方面问题的诉求很高，此问题的解决事关移民群众长远发展和社会稳定，但由于此项工作政策性和技术性都较强，云政发〔2015〕12 号文对此只是提出了原则性要求，具体措施和标准未明确，昆明院按照《澜沧江糯扎渡水电站移民安置工作协调会议纪要》的要求，结合地方政府提出的方案进行分析，提出经各方同意的《云南省澜沧江糯扎渡水电站临沧市库周非搬迁移民村组基础设施改善费用分析计算报告》。

（3）困难户建房补助费按照人均房屋补偿费不足以建盖 25m² 砖混结构房屋的，在原有房屋补偿费的基础上，按基本用房标准补足。

6.《云南省移民开发局关于贯彻执行〈云南省澜沧江糯扎渡水电站多渠道多形式移民安置指导意见〉的通知》（云移澜〔2009〕11 号）

（1）关于移民安置方式。为妥善安置糯扎渡水电站移民，普洱、临沧两市结合糯扎渡水电站移民安置实际提出多渠道多形式安置移民的要求，2009 年原省移民开发局下发了指导意见，提出了需根据建设征地区和移民安置区资源状况、人口构成，结合建设征地移民安置完成情况，采取多种形式安置移民，共提出了以下 5 种安置方式：

1）农业生产安置。通过土地开发整理或有偿流转，为移民配置土地资源，从事农、林、牧、渔等产业。

2）二三产业安置。通过自办、合办企业，从事商业、服务业等二三产业或者从事商业场所（地）、房屋租赁等形式，解决移民收入和就业。

3）自行安置。将土地补偿补助费中移民应得部分以货币形式兑付，由其自谋出路。

4）长效补偿安置。以淹没耕地为基础，按年产值以货币形式逐年长期补偿。耕地基准年年产值以征收前 3 年作物的平均产量为基础，依据耕地征收年省粮食主管部门公布的粮食交易价格确定。

5）复合产业安置。采取农业、二三产业、长效补偿两种或三种安置方式相结合安置移民。

（2）关于措施和要求。共提出了以下 13 条具体措施及要求：

1）根据当地资源环境承载能力、电站建设征地补偿补助费和移民个人财产补偿补助费等情况，结合库区和安置区产业发展规划，按照可持续发展、有利于生产、方便生活的原则，在政府引导、充分征求移民意见的基础上，科学合理确定移民安置方式。对于该指导意见颁发之前已经实施基础设施建设和流转的土地的移民，应尽可能沿用原规划的安置方式，确需改变安置方式的，必须充分利用已经实施的项目和流转的土地。

2）移民安置居住地生活供水、供电、道路、广播电视、通信、公共设施等能够得到解决，移民就医、子女入学方便。对移民居民点和公共房屋建设，按有关抗震减灾的要求，给予补助。为保护生态环境，有条件的应建设（改造）沼气池，并给予相应的补助。

3）移民集中安置点应统一规划，统一基础设施建设，注重环境保护和水土保持；移民房屋既可由个人自行建盖，也可由移民委托有关部门代建。统一规划搬迁进入城市、集镇的移民居住用地和工商用地，由当地政府按土地征收划拨成本价提供。

4）农业安置的移民，在库周或安置区通过流转或开发整理耕地、园地、林地等土地资源，满足移民从事农业生产的需要，结合当地实际，培育发展特色优势产业。为移民配置土地和进行生产开发相关项目的费用，从被征收土地补偿补助费和其他集体财产补偿补助费中列支。

5）二三产业安置的移民，安置点应规划在城集镇内或周边，以及交通干线、物资集散地、旅游景点附近，能够提供移民从事二三产业活动的场所、经营门面等。从事二三产业活动的场所、经营门面等应统一规划，按审定规模所需的费用，从被征收土地补偿补助费及其他集体财产补偿补助费中列支。

6）自行安置的移民，应有明确的安置去向，能够自行解决生产、生活出路，接收地政府能为其办理落户手续，经自愿申请、逐级审核、签订协议、司法公证后，可自行安置。同时将移民相关补偿补助费用一次性以货币形式支付给移民，费用包括移民应得的土地补偿补助费、个人财产补偿费、搬迁安置相应的其他补偿补助费等，其中宅基地使用费和居民点内基础设施建设费用按照农村移民集中安置点的人均费用计列。

7）对于长效补偿安置方式（包含长效补偿复合安置方式），长效补偿的标准和形式应考虑全库区协调平衡和可操作性，避免政策不一致引起攀比现象。为移民配置土地和进行生产开发相关项目的费用，从扣除长效补偿相关费用后剩余的被征收土地补偿补助费和其他集体财产补偿补助费中支付。国家对土地承包政策进行调整的，移民享受长效补偿的权益也进行相应的调整。

8）选择农业生产安置（含农业安置的复合安置）的移民，原则上应以农村集体经济组织为单位选择同一安置方式。选择二三产业安置、自行安置的移民，应以户为单位选择安置方式；移民户不得分解安置。移民户家庭成员中未成年人和毕业未就业的大中专学生、现役义务兵、伤残病人以及服刑人员必须随户整体安置。

9）加强移民技能培训，制定劳动力转移计划。地方劳动保障和移民主管部门，应加强农村移民技术培训工作，培训经费从移民技术培训费中列支。移民经过培训合格后，由当地政府、劳动保障和移民主管部门按照培训、就业、维权"三位一体"的转移就业服务模式，采取企业订单、劳务派遣、能人带动、项目拉动、中介推动等方式实施"移民订单式劳务输出工程"。

10）为实现移民安置区可持续发展，提高移民安置后的生产生活水平，使移民逐步走向富裕，需多渠道筹措资金，优化移民安置区产业结构，扶持、培育、发展特色优势产业，发展库区或移民安置区的社会事业、改善基础设施。

11）经审定纳入扶持范围的农业移民，不论采取何种安置方式，均享受统一后期扶持政策：每人每年补助 600 元，自其完成搬迁之日起扶持 20 年。

12）移民资金分项目核准使用，使用情况实行专项审计，各级财政、监察部门应对移民资金加强监督，发现问题及时纠正，情节严重的，追究相关责任。

13）移民须按批准的规划进行安置，无正当理由不得拖延和拒绝搬迁，已经安置的移民不得返迁。若发生拖延和拒绝搬迁、返迁的，原居住地人民政府或者其移民主管部门可以依法向人民法院申请强制执行。对违反治安管理的，依法给予治安管理处罚，构成犯罪的，依法追究刑事责任。

该指导意见作为糯扎渡水电站专门针对水库淹没影响区移民安置工作制定的纲领性文件，已完全在糯扎渡水电站水库淹没影响区移民安置工作中进行了应用。

7.《云南省大中型水利水电工程建设征地移民安置实施阶段设计变更管理办法》（云移发〔2016〕112 号）

为加强云南省大中型水利水电工程建设征地移民安置实施阶段设计变更管理工作，规范设计变更行为，维护移民安置规划的严肃性，原省移民开发局先后在 2011 年和 2016 年印发了设计变更管理办法，其主要依据是"国务院令第 471 号"、云政发〔2008〕24 号文。云移发〔2016〕112 号文对设计变更分类分级、设计变更申请、设计变更审批和设计变更监督管理等作了详细规定。主要体现在以下几个方面：

（1）设计变更分类分级。设计变更的分类分为实物指标变化、移民安置规划方案调整和移民安置工程设计变更三类。设计变更的规定可以由县级移民实施机构或者移民安置规划报告编制单位（即移民安置实施阶段的综合代代机构）提出。

设计变更的分级分为一般设计变更和重大设计变更。

实物指标变化分级标准根据批准的移民安置规划，有下列情形之一的即为重大设计变更，其余为一般设计变更：①征收土地范围发生变化；新增滑坡处理范围；②以县为单位，人口、耕地、园地、房屋、主要专业项目实物量变化幅度大于 3%；③以县为单位，林地、牧草地、未利用地实物指标数量变化幅度大于 5%。

移民安置规划方案调整分级标准云移发〔2016〕112 号文规定，根据批准的移民安置规划，有以下情形之一的即为重大设计变更，其余为一般设计变更：①100 人以上的移民集中安置点规划新址（包括农村集中居民点、城市集镇新址、企事业单位新址等）

建设地点改变；②移民集中安置点搬迁安置人口或者规划新址占地（包括农村集中搬迁、城市集镇迁建、企事业单位搬迁等）变化幅度大于 20％；移民安置标准变化幅度大于 20％。

移民安置工程设计变更分级标准云移发〔2016〕112 号文规定，根据批准的移民安置规划，有以下情形之一的即为重大设计变更，其余为一般设计变更：①移民工程建设标准发生重大改变。②新增或者取消某项移民工程，并导致移民安置规划方案发生重大变化的。③移民工程的建设地点、服务范围等发生变化，并导致移民安置规划方案发生重大变化的。④移民工程地质结论发生重大变化，建设场地评价结论有实质性调整的。⑤移民单项工程投资变化幅度：工程投资在 1000 万元以上（含本级数）的项目，设计变更数量大于 20％或者投资变化幅度超过 500 万元；工程投资在 1000 万元以下的项目，设计变更数量大于 20％（设计变更投资变化幅度小于 50 万元的不作为重大设计变更）。

（2）设计变更申请。云移发〔2016〕112 号文对设计变更的申请提出、申请的批复和设计变更申请报件做了规定。

（3）设计变更审批。云移发〔2016〕112 号文中明确了设计变更报告的编制单位为综合设计单位，并对设计变更报告的内容进行了规定，同时明确了经审核同意的设计变更，纳入建设征地移民安置规划修编报告。

《云南省大中型水利水电工程建设征地移民安置实施阶段设计变更管理办法》在糯扎渡水电站的应用主要体现在：糯扎渡水电站移民安置设计变更工作依据该管理办法开展，糯扎渡水电站移民安置设计变更涉及的 32 个集中居民点等项目已按照云移发〔2016〕112 号文的要求进行了审查批复。

8.《云南省耕地占用税实施办法》（云南省人民政府令第 149 号）

《云南省耕地占用税实施办法》（云南省人民政府令第 149 号）规定大型水电站工程建设占用耕地，按照 24 元/m² 的适用税额征收耕地占用税；其他水利水电工程建设占用耕地，按照 20 元/m² 的适用税额征收耕地占用税，当地适用税额低于 20 元/m² 的，按照当地适用税额征收耕地占用税。

水利水电工程建设占用耕地确有特殊情况需对适用税额进行调整的，由省人民政府决定。

根据《云南省耕地占用税实施办法》（云南省人民政府令第 149 号）的要求，糯扎渡水电站淹没影响的林地、牧草地、农田水利用地、养殖水面以及渔业水域滩涂等其他农用地依照当地适用税额征收耕地占用税，大型水电站工程建设占用耕地按照 24 元/m² 的适用税额征收耕地占用税。

9.《普洱市人民政府关于糯扎渡水电站建设征地零星果木和坟墓迁移补偿标准的通知》（普政发〔2011〕45 号）

该通知是普洱市人民政府在 2011 年糯扎渡水电站移民安置实施的高峰时期提出的零星果木和坟墓迁移补偿标准，具体、详细地将果木树、经济树、用材树、风景树、坟墓分类别、分种类明确了补偿单价。规定了糯扎渡水电站建设征地零星果木和坟墓迁移补偿标准，石碑坟 5000 元/冢，土筑坟 2800 元/冢，果木树按类别为 60 元/株，经济树、用材树按类别为 70 元/株，风景树按类别为 500 元/株，另外，还根据不同的种类对果木树、经济树、用材树制定了 5～200 元/株的补偿。

糯扎渡水电站零星树木和坟墓迁移补偿标准根据《普洱市人民政府关于糯扎渡水电站建设征地零星果木和坟墓迁移补偿标准的通知》(普政发〔2011〕45 号)和《临沧市人民政府关于上报糯扎渡水电站临沧库区移民被征收土地上的零星果木树和坟墓补偿标准的函》(临政函〔2011〕9 号)制定的标准执行。

10.《云南省财政厅、云南省发展和改革委员会转发财政部、国家发改委关于同意收取草原植被恢复费有关问题的通知》(云财综合〔2011〕5 号)和《云南省物价局、云南省财政厅关于草原植被恢复费收费标准及有关事宜的通知》(云价收费〔2011〕93 号)

糯扎渡水电站淹没影响区草原植被恢复费根据云财综合〔2011〕5 号文和云价收费〔2011〕93 号文征收。由于糯扎渡水电站库区均在海拔 2400.00m 以下,水库淹没影响区草原植被恢复费按照 2200 元/亩进行征收。

11.《普洱市人民政府办公室关于进一步加强农村宅基地管理工作的通知》(普政办发〔2013〕177 号)

该通知主要规定了"山区、半山区农村宅基地标准可适当放宽,但最高不得超过 $250m^2$"。

普洱市糯扎渡水电站水库淹没影响区移民安置点建设均按照此文件的要求执行,基本上每户宅基地都规划为 $240m^2$。

12.《普洱市糯扎渡水电站移民安置农房重建贴息贷款管理办法》(市政府常务会议通过)

该办法中提出了糯扎渡水电站建设征地搬迁安置的移民,按实物指标确定的房产、零星果木等私有财产补偿费,不能满足重建住房需求的,需向经办银行或其分支机构申请,以房产或经办银行认可的其他方式提供担保,由经办银行办理糯扎渡水电站移民安置农房重建贷款。该贷款由市、县(区)财政据实全额贴息,贷款贴息资金由市、县(区)财政共同承担,市级承担 30％,县级承担 70％。

同时,规定了贴息贷款的管理,包括贷款对象、贷款用途、贷款额度与期限(贴息贷款以户为单位,每户只允许贷一次,数额最高不得超过 5 万元;还款方式由借贷双方商议后在合同中约定;贴息期限最长为 5 年;借款人提出展期且由经办银行同意展期的,展期以后的贷款按照非贴息贷款处理,利息由借款人自行支付)、贷款利率(贴息贷款利率按照中国人民银行公布的同期限同档次贷款基准利率水平确定,向上浮动比率不得高于 10％)、贷款程序。还规定了贴息资金的审核与拨付、监督管理和责任。

2.5　行业标准

1.《水电工程水库淹没处理规划设计规范》(DL/T 5064—1996)

可行性研究报告阶段依据的行业规范主要是《水电工程水库淹没处理规划设计规范》(DL/T 5064—1996),该规范包括总则、各规划设计阶段的主要任务和工作内容、水库淹没处理范围的确定、水库淹没实物指标调查、移民安置规划、专业项目复建规划设计、防护工程规划设计、水库水域开发利用、库底清理技术要求、水库淹没处理补偿投资概估算、附则，共设 11 章，附录 3 个。涉及移民安置规划的主要规定如下：

（1）水库淹没影响处理范围：规定了水库回水末端的设计终点高程位置，在回水曲线不高于同频率天然水面线 0.3m 范围内，是采取垂直斩断还是水平延伸，应结合当地地形、壅水历时和淹没对象的重要性等具体情况综合分析确定；规定水库洪水回水位的确定，还应根据河流输沙量的大小、水库运行方式、规划中上游有无调节水库以及受影响对象的重要程度，考虑 10～20 年的泥沙淤积影响；规定在水库影响不显著的地区对居民迁移线，对耕地、园地在正常蓄水位之上考虑一定的超高（0.5～1.0m）。

（2）实物指标调查：规定了水库淹没实物指标调查划分为农村、集镇、城镇、专业项目四大类及各类界定范围；同时规定在可行性研究阶段必须测绘库区 1/5000～1/2000 比例尺地形地类图。

（3）移民安置规划：主要规定分为农村移民安置规划和城镇（集镇）迁建规划两类，农村移民安置规划又包括生产安置规划、移民村庄（居民点）规划、基础设施规划三部分；移民安置规划要与其他各行各业编制规划一样要拟定规划水平年，一般可按计划下闸蓄水的年份确定，并据以预测某些实物指标动态因素；规定了编制移民安置规划必须具备的基本资料，对拟定的移民成片的生产开发区、村庄新址均应测绘符合要求的地形图，并进行土壤调查及地质勘察；规定了移民安置人数，除淹没线以下的人口外，还应包括淹地不淹房以及塌岸、浸没、滑坡等必须动迁的影响人口；为编制移民安置规划，引入了环境容量这个基础概念。

（4）专业项目复建规划设计：规定对需要复建的工矿企业，可以结合技术改造和产业结构调整进行统筹规划和复建；将受淹铁路、公路等专项的处理，规定为需复建的，应按原规模、原标准或者恢复原功能的原则，提出经济合理的复建方案；考虑库周交通对当地人们（包括移民在内）发展生产、方便生活的重要性，将库周交通的恢复列入了专项处理范围；从实际出发，在可行性研究阶段，专业项目复建规划设计的工作深度，可以滞后一个阶段，即可以只达到各专业部门本身规定的可行性研究工作深度要求。

（5）投资概算：进一步明确了编制补偿投资应遵循以调查的淹没实物指标为基础和以国务院发布的《条例》及国家有关部门与省、自治区、直辖市制定的规定为依据。由于水库淹没处理补偿投资是水电工程总投资的组成部分，要根据枢纽建筑物相同年份的物价水平与政策规定进行编制，并列出静态投资和动态投资。补偿总投资由农村移民、集镇迁建、城镇迁建、专业项目复建、防护工程、库底清理、其他费用（勘测规划设计、实施管理、技术培训、监理）、预备费（基本预备费、价差预备费）、建设期贷款利息九部分组成。此外，将有关税费单列为第十部分。由于水库淹没处理涉及不确定因素较多，提高了基本预备费费率，如预可行性研究阶段从原来的 10% 提高到 20%，可行性研究阶段从原来的 5% 提高到 10%。

糯扎渡水电站 2004 年可行性研究报告阶段建设征地移民安置规划设计行业技术标准主要采用了"96 水电工程移民规范"，该报告通过了水电水利规划设计总院的审查；枢纽工程建设区和围堰截流区建设征地移民安置实施规划设计由于移民安置实施周期较长，部分项目已实施完成，因此，报告中既应用了"96 水电工程移民规范"，又采用了"07 水电工程移民规范"，具体应用情况详见第 3 章移民安置规划设计相应章节。

2.《水电工程建设征地移民安置规划设计规范》（DL/T 5064—2007）等 8 项规范

为贯彻执行"国务院令第 471 号"，适应水电工程项目核准和水电工程建设需要，以及水电工程建设征地移民安置规划设计工作需要，进一步明确移民安置规划设计任务，提高移民安置规划的技术要求，国家发展改革委出台了《水电工程建设征地移民安置规划设计规范》（DL/T 5064—2007）、《水电工程建设征地处理范围界定规范》（DL/T 5376—2007）、《水电工程建设征地实物指标调查规范》（DL/T 5377—2007）、《水电工程农村移民安置规划设计规范》（DL/T 5378—2007）、《水电工程移民专业项目规划设计规范》（DL/T 5379—2007）、《水电工程移民安置城镇迁建规划设计规范》（DL/T 5380—2007）、《水电工程水库库底清理设计规范》（DL/T 5381—2007）、《水电工程建设征地移民安置补偿费用概（估）算编制规范》（DL/T 5382—2007）共 8 项移民规范。与"96 水电工程移民规范"相比，"07 水电工程移民规范"贯彻落实了国家新的有关水电工程建设征地移民安置的法律法规，并考虑了移民安置规划设计需要，做到了与相关技术标准相衔接。与原移民规范相比，主要修订内容如下：

（1）全面贯彻"国务院令第 471 号"的规定，进一步明确了移民安置规划设计的任务，提高了移民安置规划的技术要求。较原规范增加了移民安置总体规划（规划大纲）、移民后期扶持措施、水保环保设计和实施组织设计等内容，并将有关设计深度和组织程序的内容分解于各章进行具体规定。

（2）修订的规范增加了"社会经济调查""移民安置总体规划""农村移民安置规划""城市集镇处理""环境保护与水土保持""实施组织设计"等内容要求。

（3）按照"国务院令第 471 号"关于移民安置规划和移民工作管理体制的规定，将规划设计中原招标设计、施工详图阶段调整为移民安置实施阶段，对预可行性研究报告、可行性研究报告及移民安置实施等阶段的主要内容和规划设计深度进行了调整。

（4）按照"国务院令第 471 号"和国家土地用途管制的规定，进一步明确了水库淹没区和工程占地区界定的技术要求。

（5）补充了影响区、扩迁人口相应补偿实物指标和特殊项目的补偿实物指标调查技术规定，按照"国务院令第 471 号"要求，对建设征地实物指标调查提出了比较具体的成果确认和组织程序方面的要求。

（6）为执行"国务院令第 471 号"有关移民安置规划程序的规定，增加了移民安置总体规划和移民安置规划大纲的编制要求，规定了移民安置规划大纲必须履行报批程序，移民安置规划大纲审批前必须完成征地范围实物指标调查、公示和明确移民安置去向以及落实农村移民生产安置方式等，做到与"国务院令第 471 号"规定的移民安置规划大纲和移民安置规划报批程序相一致。

（7）为统一规范农村移民安置规划和城镇集镇迁建规划等内容，更加详细地规定了农村移民安置规划中涉及的移民人口计算、环境容量分析、规划目标及安置标准拟定、移民安置方案确定、生产安置规划设计、搬迁安置规划设计和生活水平预测，以及城镇集镇迁建新址选择、总体规划及迁建规划设计等的技术要求。

（8）根据"国务院令第 471 号"，移民安置规划作为移民安置实施的基本依据的规定，加深了移民安置规划涉及的农村移民安置、城镇集镇处理、专业项目处理的规划设计深度。例如，农村移民安置规划要求以安置点为单元落实生产安置资源、以户为单元落实搬迁方案；各移民安置工程项目要求达到水电工程可行性研究报告阶段（等同其他行业的初步设计）的设计深度，并对有关设计内容和采用的技术标准给予了补充明确。

（9）规范增加了企业处理规划设计的有关规定。要求对需要迁建的企事业单位应按原规模、原标准或者恢复原有生产能力或办事能力的原则，拟定迁建补偿方案。没有条件迁建的企业和国家政策规定不允许迁建的企事业单位，应进行补偿评估，提出合理补偿方案。

（10）对项目划分和费用构成以及补偿标准进行了补充完善，主要体现在以下几个方面：

1）征收的土地，按照被征收土地的原用途和"国务院令第 471 号"规定的标准给予补偿；征收土地的土地补偿费和安置补助费，不能满足需要安置的移民保持原有生活水平的，可根据国家和省级人民政府有关规定，提高标准或增加生产安置措施补助费。使用其他单位或者个人依法使用的国有耕地，参照征收耕地的补偿标准给予补偿；使用未确定给单位或者个人使用的国有未利用地，不予补偿。

2）移民远迁后，其在建设征地红线范围之外本农村集体经济组织地域之内的房屋、附属建筑物、零星树木等私人财产应当给予补偿。

3）贫困移民获得的补偿费用不足以修建基本用房的，给予适当补助，补足缺额。

4）增加搬迁补助费用中建房期补助、临时交通设施费用。

5）增加义务教育和卫生防疫设施增容补助、房屋装修补助。

6）独立费用中增加移民安置规划配合工作费、移民安置评估费、移民安置综合设计费，同时对有关费率进行调整。

2007 年为满足项目核准需要，昆明院按照"07 水电工程移民规范"编制了《云南澜沧江糯扎渡水电站移民安置规划大纲》和《云南澜沧江糯扎渡水电站建设征地及移民安置规划报告》，该报告通过了水电水利规划设计总院与原省移民开发局的联合审查，并经云南省人民政府批复；水库淹没影响区建设征地移民安置规划设计是在 2007 年后逐步开展相关工作，因此，完全执行了"07 水电工程移民规范"。具体应用情况详见第 3 章移民安置规划设计相应章节。

2.6　本章小结

糯扎渡水电站移民安置工作从规划到实施历时 30 余年，移民安置法规政策和规程规范经历了不断的演变和发展，也经历了政策的逐步完善，对顺利推进各个阶段、各个时期的移民安置工作提供了重要支撑，发挥了重要作用，具体体现在以下几个方面：

（1）移民工作的管理体制进一步完善。从单一的"行政决策、政府主导"发展到"政府负责、投资包干、业主参与、综合监理"，再到"政府领导、分级负责、县为基础、项目法人参与"的转变。移民安置管理机构逐步完善健全，职责更加明确，管理能力逐步加强；项目法人参与程度更加高，作用更加凸显；逐步强化了监督管理，对移民资金的使用管理提出具体办法和要求、对移民安置实行全过程监督评估、建立的考核管理制度为移民安置工作更好推进提供了动力。总之，移民安置管理向科学、规范化发展，更加全面，重视依法依规和程序履行。

（2）规范了移民安置规划的编制程序，强化了移民安置规划的法律地位。已经成立项目法人的大中型水利水电工程，由项目法人负责编制移民安置规划大纲和移民安置规划，未编制规划或者规划未经审核的，不得批准项目开工建设，不得为其办理用地等有关手续，经批准的移民安置规划应当严格执行，不得随意调整或者修改，移民安置应当进行验收。糯扎渡水电站从编制移民安置规划大纲、移民安置规划报告到移民安置进度计划调整可行性研究、移民安置设计变更处理以及下步移民安置规划修编等工作都是体现程序履行，体现依法依规。

（3）提高了移民对安置工作的参与程度，扩大了移民的知情权、参与权和监督权。实物指标调查结果应经被调查者签字认可并公示，编制移民安置规划大纲和移民安置规划应当广泛听取移民群众的意见，必要时应当采取听证方式；移民安置建设过程中应充分尊重移民意愿以及少数民族特点，符合要求的意愿通过履行设计变更完善；土地征收的数量和种类、补偿的范围、标准和金额、安置方案要向群众公布，集体补偿资金的使用方案应经村民讨论通过，收支情况要张榜公布。

（4）安置方式开始多样化，并且出现专门配套政策。2007 年以前的移民安置方式主要是以土安置为主，2008 年以后出现了逐年补偿为主的多渠道多形式的安置方式，针对糯扎渡水电站原省移民开发局出台了《云南省移民开发局关于贯彻执行〈云南省澜沧江糯扎渡水电站多渠道多形式移民安置指导意见〉的通知》（云移澜〔2009〕11 号），标志着澜沧江流域推行逐年补偿政策拉开大幕，是云南省创新移民安置方式从金沙江流域应用到澜沧江流域甚至全省水电项目的生动体现，并结合糯扎渡水电站实际情况进行了发展和延伸，专题研究明确逐年补偿标准。普洱市也出台了实施逐年补偿移民安置指导意见，针对移民产业发展进行扶持，出台办法。

（5）补偿补助项目逐步向移民倾斜，涉及项目增多，标准逐步提高。主要体现在以下几个方面：

1）逐步提高了土地补偿标准。水库淹没影响：耕地补偿倍数由原来的平均年产值的 10～12 倍，提高到 16 倍，园地补偿标准提高到 15 倍，未利用地补偿标准明确为旱地的一半；移民安置用地逐步与当地土地补偿标准进行衔接，实行同地同价。

2）库区房屋补偿标准结合价格水平实时进行调整。

3）提出了被征收土地上的零星树木、青苗等补偿标准由工程所在州（市）人民政府另行制定的要求。

4）将移民远迁后，其在建设征地红线范围之外本村民小组地域内的房屋、附属建筑物、零星果木、无法利用又无法调剂转让的剩余集体资产等私人财产纳入了补偿范畴。

5）对于补偿费用不足以修建基本用房的贫困移民、集镇行政单位等，给予适当补助。

6）对公共服务设施、宗教、学校增容、防雷、农贸市场、淹地非搬迁村组基础设施等进行补助。

（6）税费政策调整较大。主要涉及耕地占用税、耕地开垦费、草原植被恢复费。

云南省的耕地占用税计费标准经历了四个阶段：第一阶段，2003 年左右针对水电建设的耕地占用税在云南省未出台，为此，在编制投资时参照《云南省关于公路建设耕地占用税》；第二阶段，2006 年云南省人民政府发布了《关于统一省内水电建设耕地占用税适用税额标准的通知》（云政发〔2006〕105 号）；第三阶段，2008 年国家颁布耕地占用税管理办法，云南省也据此出台了耕地占用税实施细则；第四阶段，2012 年阿海水电站全部地类统一按照 24 元/m² 缴纳耕地占用税，云南省政府对此进行了批复，糯扎渡水电站涉及的两市提出也要按照阿海水电站进行缴纳。

2007 年以前耕地开垦费主要执行以下政策：①《云南省土地管理条例》（1999 年 9 月 24 日），其规定"没有条件开垦的，应当按照所占耕地前 3 年平均年产值的 3~8 倍的标准缴纳耕地开垦费"。②《关于水利水电工程建设用地有关问题的通知》（国土资发〔2001〕355 号），其规定水电工程建设应向建设项目法人收取耕地开垦费，可区分情况实行以下不同的标准：坝区、移民迁建和专项设施迁建占用耕地，按各省、自治区、直辖市人民政府规定的耕地开垦费下限标准全额收取；以发电效益为主的工程库区淹没耕地，可按各省、自治区、直辖市人民政府规定的耕地开垦费下限标准的 80％收取；以防洪、供水（含灌溉）效益为主的工程库区淹没耕地，可按各省、自治区、直辖市人民政府规定的耕地开垦费下限标准的 70％收取。2007 年以后，省、自治区、直辖市人民政府对水利水电工程耕地开垦费标准作出专门规定的，按地方政府有关规定收取耕地开垦费。2010 年云南省物价局和云南省财政厅出台了《关于耕地开垦费征收标准有关问题的通知》（云价综合〔2010〕150 号），明确了各县（区、市）耕地开垦费征收范围及标准，并经过省政府批准。

草原植被恢复费根据《云南省财政厅、云南省发展和改革委员会转发财政部、国家发改委关于同意收取草原植被恢复费有关问题的通知》（云财综合〔2011〕5 号）和《云南省物价局、云南省财政厅关于草原植被恢复费收费标准及有关事宜的通知》（云价收费〔2011〕93 号）征收，属于新增加的税种。由于糯扎渡水电站库区均在海拔 2400.00m 以下，糯扎渡水电站水库淹没影响区草原植被恢复费按照 2200 元/亩进行征收。

（7）支撑的政策、措施涵盖面广、形式多样、针对性强、执行到位、效果显著。

糯扎渡水电站除执行了国家和云南省正式出台的移民安置法规政策以及行业技术标准外，还通过其他方式明确了一些政策、措施规定，主要体现在以下几个方面：

1）通过移民安置协调小组会议纪要解决移民安置中重要问题，明确很多具体要求。

2）通过省人民政府明确特殊保障措施。

3）市政府出台政策推进移民安置工作。

上述形式的政策措施作为移民安置工作的支撑依据，大大推进了移民安置工作，效果显著。

第 3 章

移民安置规划设计

水电工程建设征地移民安置规划设计是水电工程项目设计的重要组成部分。移民安置规划设计提出的移民安置规划是组织实施移民安置工作的基本依据，也是项目法人与移民区和移民安置区所在的省（自治区、直辖市）人民政府或者市、县人民政府签订移民安置协议的依据。移民安置规划设计工作应严格执行国家和省级人民政府的有关政策和法规，实行开发性移民的方针，使移民生活达到或者超过原有水平，以促进工程顺利建设为目标，客观、公正、科学、合理地提出规划设计成果。

昆明院于 1986 年编制完成《澜沧江中下游河段规划报告》，提出了澜沧江中下游河段"两库八级"开发方案，1995 年编制完成《糯扎渡水电站工程预可行性研究报告》，1998年编制完成《糯扎渡水电站预可行性研究报告（修改补充）》，2003 年编制完成《云南省澜沧江糯扎渡水电站可行性研究报告》，2007 年编制完成《云南澜沧江糯扎渡水电站移民安置规划大纲》和《云南省澜沧江糯扎渡水电站建设征地及移民安置规划报告》，2007 年以后，糯扎渡水电站移民安置工作进入实施阶段，结合主体工程进度有序开展。根据工作安排，昆明院后续编制了相应的移民单项规划设计、专题报告和规划修编报告。

由于糯扎渡水电站主体工程建设计划提前，移民安置规划设计工作在时间紧、任务重的局面下，前期由糯扎渡水电站设计代表处牵头，成立糯扎渡水电站移民规划设计项目部，通过对移民安置任务进行详细分析，精心策划组织，对项目倒排设计进度、周期，高效有序、科学合理开展糯扎渡水电站移民安置规划设计工作。后期成立糯扎渡水电站移民综合设计代表处，开展移民安置技术指导衔接、把关，协调处理设计变更，现场提供技术服务等工作。

由于糯扎渡水电站移民安置工作历时近 10 年，期间相关征地移民法规政策与规程规范也发生一定变化，"国务院令第 471 号"对移民安置规划工作提出了新的要求，凸显国家从法规政策层面上对移民工作的重视，对移民安置规划设计工作的要求提高。随着社会经济的发展和国家移民政策的不断改进完善，糯扎渡水电站移民安置处理任务与方案在前期规划设计阶段和移民安置实施期间变化较大，糯扎渡水电站建设征地移民安置规划设计在严格执行国家及云南省相关法规政策和规程规范的基础上，通过分析研究、科学合理规划，在征地范围、实物指标调查处理、农村移民安置、集镇街场迁建、专业项目处理和费用概算测算等方面进行了创新与实践，在满足工程建设进度的同时，也较好地服务了地方政府移民安置工作。本章对糯扎渡水电站建设征地移民安置规划设计工作进行了归纳总结，重点阐述了移民安置规划设计方面的众多创新与实践成果。

3.1 征地范围

水电工程建设征地处理范围包括水库淹没影响区和枢纽工程建设区。水电工程建设征地处理范围界定的任务是参与工程规模论证、枢纽建筑物选址、施工组织设计，根据规划、地质、施工等勘测设计成果，界定建设征地处理范围。糯扎渡水电站建设征地区涉及云南省普洱、临沧 2 个市的澜沧县、景谷县、思茅区、宁洱县、镇沅县、景东县、临翔区、双江县、云县 9 个县（区），30 个乡（镇），113 个村民委员会，600 多个村民小组。建设征地影响总面积达 342.26km²。糯扎渡水电站移民安置规划设计在征地范围确定的工作中，重点对泥沙淤积、回水末端处理、支流回水分析、枢纽区上下游套接处理、枢纽区与淹没区套接处理、待观区处理等方面进行了创新与实践。

3.1.1　前期规划设计阶段

糯扎渡水电站前期规划设计阶段征地范围包括水库淹没影响区和枢纽工程建设区，规划设计主要依据为"96 水电工程移民规范"。

　　1. 回水末端处理

在糯扎渡水电站前期规划设计阶段，"96 水电工程移民规范"中对于水库回水末端的设计终点位置可采取垂直斩断或水平延伸的处理方式，结合当地地形、壅水历时和淹没对象的重要性等具体情况综合分析。因此，同时期的水利水电项目对于回水末端的处理方式不一，采取垂直斩断或水平延伸的方式，对于库尾段土地和居民处理将产生不同的影响，多数水利水电项目由于建设规模较小，库尾无重大淹没对象，为减少移民安置任务，采取了垂直斩断处理方式。

糯扎渡水电站水库库尾涉及景东县和云县，库尾段不涉及重大淹没对象，但昆明院在前期调查工作中发现库尾段两县江边均有较多的耕园地，如采取垂直斩断的处理方式，将导致水库蓄水后频率洪水对土地形成短期淹没，对当地群众的生产生活和社会稳定形成影响。因此，糯扎渡水电站水库回水末端的处理采取在回水高程与同频率天然水位线相差 0.2m 处水平延伸至两岸闭合，为同时期的其他水利水电项目回水末端处理设计提供了较好的参考。

糯扎渡水电站水库回水末端设计处理提供的实践案例，为后期《水电工程建设征地处理范围界定规范》（DL/T 5376—2007）明确对于水库回水末端断面上游的淹没范围采取水平延伸至与天然河道多年平均流量水面线相交处，不再推荐采取垂直斩断处理方式提供了参考。

　　2. 设计洪水标准

糯扎渡水电站前期规划设计阶段，根据"96 水电工程移民规范"，耕园地采用的洪水标准频率为 20%～50%，集镇、街场和居民点为 5%～10%。理论上采用的频率越小，淹没回水处理的范围越大，相应的安全性越高。由于糯扎渡水电站为云南省境内最大规模的水电站，其库容达到 237 亿 m³，水库回水长度达 214km。因此，在糯扎渡水电站淹没对象洪水标准频率选择上按照上限选取，以保证安全。

根据规划，糯扎渡水库具有多年调节性能及运行调度功能，结合库区主要经济对象的性质和特点，选用了在 20 年泥沙淤积水平下，不同淹没对象的设计洪水标准分别为：耕地、园地采用 5 年一遇洪水频率（$P=20\%$），集镇、街场和居民点采用 20 年一遇洪水频率（$P=5\%$），三级、四级公路按 25 年一遇洪水（$P=4\%$）考虑，大型桥梁按 100 年一遇洪水（$P=1\%$）考虑；林地、牧草地按正常蓄水位考虑，其他项目按相关行业设计洪水标准确定。

3. 支流回水处理

在糯扎渡水电站前期规划设计阶段，"96 水电工程移民规范"中对于水库支流的回水设计处理没有明确的规定。同时期水利水电项目由于水库淹没面积不大，支流影响较小，对于支流通常采取平水位闭合处理，通常不考虑支流回水的影响。由于糯扎渡水电站库区有左右小黑江和黑河支流，同时左岸小黑江库尾为威远江、普洱大河支流，最长的支流回水长度约 100km，采取常规的平水位闭合处理会导致这些支流库尾段蓄水后实际的淹没影响范围减少，因此糯扎渡水电站移民安置规划设计工作中对这些支流也进行了回水计算，回水末端的处理采取与库区主干流一致的处理原则。

《水电工程建设征地处理范围界定规范》（DL/T 5376—2007）中，增加了当库区有较大支流汇入或支流内有重要淹没对象时，汇口以上干支流回水应分别计算的要求。因此，糯扎渡水电站支流回水计算及处理为规范的修订提供了案例参考。

4. 水库安全超高

糯扎渡水电站前期规划设计阶段，"96 水电工程移民规范"明确在回水影响不显著的坝前段，居民迁移和耕园地征用界限可高于正常蓄水位 0.50～1.00m。当时的规范未对居民迁移线和耕地征用界限的超高处理进行严格区分。

糯扎渡水库坝前平水段安全超高，通过对岸坡风浪爬高的计算，按库岸坡度在 45°以下和波浪垂直吹程在 30km 以下，每年 11 月至次年 1 月满库时当地实测最大风力为 7 级的情况下进行计算，计算中考虑了两岸岸坡坡度、岸坡垂向库面风速、岸坡迎风面波浪吹程和岸坡粗糙系数等因素，在全库区共选取了 73 个横剖面分别计算左右岸波浪爬升高度，最大波浪爬高计算值为 0.59m。加上库区内同期通航船只产生的船行波叠加影响因素，风浪爬高取值为 0.77m，但在糯扎渡水电站安全超高设计处理中并没有直接按照计算值 0.77m 确定，为便于后期移民工作宣传、规划设计和实施工作过程中各方操作，在符合当时规程规范的要求下，确定糯扎渡水库坝前段水库回水超高不明显的平水段，将正常蓄水位（812.00m）提高 1m 作为移民搬迁和耕园地征用水位线。

因此，糯扎渡水电站坝前平水段安全超高在分析计算后按照规范取上限，同时耕园地征用水位线与移民搬迁线一致，这在同时期的水利水电项目中，已属于创新处理，也为《水电工程建设征地处理范围界定规范》（DL/T 5376—2007）明确居民点水库安全超高计算值低于 1m 的按 1m 的规范修改提供了案例支撑。

5. 永久与临时用地处理

糯扎渡水电站是澜沧江中下游梯级中装机规模最大、水库调节性能好、经济指标优越的工程。其枢纽工程布局相对也较为庞大和复杂。枢纽区坝址位于普洱市澜沧县和思茅区界河澜沧江上。糯扎渡水电站枢纽工程布置方案包括左岸弃渣场、左岸承包商营地、右岸弃渣场、枢纽建筑物和右岸承包商营地、枢纽施工区占地、砂石料系统、炸药仓库等，根据用地性质分为永久占地和临时占地。从节约用地的角度来说，工程项目一般以少占土地、少占永久用地为主。

因此，糯扎渡水电站枢纽工程用地范围划分中充分考虑土地的可复垦性，将可以恢复原用途的土地归入临时用地范围，将工程建设项目永久使用的土地、施工需要的土地但难以恢复原用途的土地，划归永久占地范围，这为项目业主后期临时用地的处理提供了依据。

3.1.2 移民安置实施阶段

在糯扎渡水电站移民安置前期规划设计阶段，昆明院在征地范围的规划设计中进行了创新与实践，在移民安置实施阶段，糯扎渡水电站水库淹没处理相关技术参数和标准一直沿用至项目完成，确保了不同阶段时期，水库淹没区范围的一致性，减少了由于范围调整导致在实物指标和移民安置工作中的连带影响。在移民安置实施阶段，由于枢纽工程建设期间功能区划调整和地方政府移民安置工作需要，枢纽工程区对与景洪水电站套接部分、枢纽区与水库淹没区套接部分、围堰和库区范围分期设计处理进行了创新与实践，同时针对水库影响区范围，根据实施阶段水库蓄水等状况也进行了行之有效、科学合理的规划设计处理。

1. 与景洪水电站套接部分处理

移民安置实施阶段，由于枢纽工程区规划用地调整，枢纽工程区红线范围进行了调整，征地范围向下游延伸，糯扎渡枢纽工程区新增用地范围和景洪水电站可研补充阶段的失稳区范围出现重叠。

在"96水电工程移民规范"中，当时对于枢纽区和淹没区套接部分以及上下游梯级电站用地处理并没有明确的规范性指导。当时常规的水利水电项目，上下游套接部分一般根据建设时序进行处理。由于景洪水电站与糯扎渡水电站基本在同时期进行前期规划设计，建设时序上景洪水电站比糯扎渡水电站在工程建设和移民安置工作上时间提前1年左右，从常规设计考虑一般纳入景洪水电站处理较为合适，但考虑移民安置工作周期长，套接部分属于景洪水电站库尾段，属于糯扎渡水电站枢纽区，从实际移民安置工作进度上，糯扎渡水电站枢纽区进行移民安置工作的需求更迫切，因此昆明院与项目业主、地方政府进行充分沟通研究，提出将上下游套接部分纳入糯扎渡水电站枢纽工程区红线范围内进行先行处理。按此处理后，确保了糯扎渡水电站枢纽工程区调整用地范围可行性和工程建设的顺利开展。

糯扎渡水电站上下游套接部分处理已走在了当时移民规范的前面，处理的结果也最终符合后期出台的移民规范要求，应该来讲这一理念的应用具有一定的前瞻性和实际的可操作性。

2. 围堰截流区范围处理

移民安置实施阶段，为满足糯扎渡水电站工程围堰截流需要，需完成糯扎渡水电站围堰截流区移民安置工作，为明确围堰截流区移民安置任务，昆明院开展了围堰截流区范围划定的规划设计工作。

根据调查分析，围堰截流淹没涉及思茅区、澜沧县、景谷县3个县（区）。按照20年一遇洪水划定移民搬迁线时，存在3个村民小组被搬迁线一分为二，其中线下居民496人，线上居民524人，如何严格按照搬迁线划分进行移民安置任务的确定，这3个村民小组势必存在不同时期进行搬迁安置的需要。在征求移民意愿的过程中，广大移民对于分开搬迁的方案抵触情绪较大，地方政府也表示实际操作存在一定的难度。由于当时相关规程规范未对围堰截流区移民安置规划提出明确的要求，因此昆明院在对围堰截流设计洪水及影响情况进行分析论证后提出：对居住在汛期20年一遇洪水回水位以下的居民全部搬迁出淹没区，对淹没线穿过居民点的村庄根据实际情况整体搬迁；对于部分村组，因淹没耕地和生产安置人口少，考虑到这些村民组的成建制搬迁和安置点难以启动，对此部分在2008 年至搬迁前期间淹没影响的耕园地进行产值补偿。

因此，糯扎渡水电站围堰截流区范围的界定充分结合移民安置实际情况科学合理规划设计，非机械处理的方式在同时期属于较好的创新处理方式。

3. 水库淹没影响处理分期规划设计

糯扎渡水电站水库淹没影响区由于主体工程需提前两年下闸蓄水发电，糯扎渡水电站移民安置方式由大农业安置调整为逐年补偿多渠道多形式安置方式等原因，建设征地移民安置时间紧、任务重、工作难度大。按照常规的下闸蓄水要求，按时间节点完成糯扎渡水电站所有的移民安置任务的难度巨大。

昆明院通过认真分析研究主体工程蓄水计划，发现糯扎渡水电站下闸蓄水至首台机组发电期间，水库蓄水时间需要将近 7 个月，同时水库蓄水至正常蓄水位也有近 2 年的时间间隔，结合糯扎渡水电站导流洞下闸封堵和水库初期蓄水情况，分析计算了各时间段水库设计洪水淹没影响情况和糯扎渡水电站建设征地移民安置任务，提出水库蓄水可区分为 3个较为明显的时间节点和控制性水位。通过开展阶段性分期蓄水专题研究，将水库淹没影响范围划为 3 个不同高程处理范围，相应的移民安置任务根据高程处理范围进行了划分，便于地方政府在各个时段针对性地、有节奏地开展移民安置工作，并有利于减轻移民安置工作压力，缓和库区社会矛盾，确保了糯扎渡水电站下闸蓄水计划的顺利实施。

糯扎渡水电站的水库淹没影响处理分期规划设计，在当时水利水电项目建设征地移民安置规划设计中属于首创，也为后期国家制定相关工程阶段性蓄水移民安置实施规划规程规范提供了有力的支撑。

4. 枢纽区与水库淹没区套接处理

糯扎渡水电站筹建期为保证枢纽工程建设区用地满足正常施工需要，需提前征用水库淹没范围内部分高程 750.00m 以下土地，在糯扎渡水电站的早期规划处理中，此类重叠区域纳入水库淹没区，"07 水电工程移民规范"提出可按用地时序要求纳入枢纽工程建设区。昆明院通过与项目业主及地方政府充分沟通与论证，从降低征地移民工作难度的角度出发，提出将该部分土地按照水库淹没处理高程 813.00m 范围，结合区域行政区划范围情况提前使用，并根据用地时序性，纳入枢纽工程建设区处理。

由于糯扎渡枢纽区和水库淹没区的实施工作间隔了 5 年，如采取分区域处理，由于时间的差异，必然存在移民补偿政策与标准的差异，导致出现同一块地不同的价格，同一个村不同的补偿标准，地方政府的移民安置工作会出现较大的阻力，带来社会矛盾。昆明院在枢纽区和水库淹没区重叠部分的处理并未一味地按照红线范围硬性去划分，在充分考虑地方政府实施工作的便利、社会稳定和技术可行的前提下，创新性地提出了以行政区划、区域土地范围和实际操作的难易程度等来处理糯扎渡水电站枢纽区重叠部分。

5. 待观区处理

糯扎渡水电站前期规划设计阶段，为做好糯扎渡水电站水库库岸稳定性处理，确定糯扎渡水电站水库影响区范围，昆明院通过大量的水库库岸稳定性地质调查、野外地质复查、重点地段勘探、重点地段平剖地质测绘、勘探及试验和室内分析研究实验工作，编制完成了《糯扎渡水电站水库工程地质专题报告》。对部分位置较高居民点，但预测库岸再造有影响的，采取观测处理，待蓄水后再规划搬迁与否。

由于"96 水电工程移民规范"未提出过待观区的概念，糯扎渡水电站提出的待观区在当时的水库影响区范围划定中属于比较新颖的。到"07 水电工程移民规范"提出水库影响区按其危害性及影响对象的重要性划分为影响处理区和影响待观区，列入影响处理区的应提出处理方案，列入影响待观区的应在水库运行期进行观测、巡视，根据影响情况进行处理。同时规范也说明了"随着工作的深入及水库运行考验，经水库运行复核调查，根据实际发生情况、危害性及影响对象，影响待观区和没有界定为水库影响区的区域也可重新界定为新增影响处理区。"在后期的规范上，也支持了糯扎渡水电站前期规划设计阶段中在水库影响区提出的待观区处理原则。

在实施阶段，由于糯扎渡水电站启动了水库蓄水计划，在移民安置工作中，昆明院广泛听取地方各级政府意见，由于待观区的划定对区域内移民生产生活造成一定的心理影响，影响社会稳定和移民安置工作的推进，因此昆明院针对蓄水情况对原待观区进行了充分的复核研究，建议将待观区纳入影响区处理范围，不再保留待观区。后期经各方研究决定，在《糯扎渡水电站移民安置工作协调组会议纪要》（原云南省移民开发局，2011 年第 6 期）中明确了"对移民强烈要求外迁安置的待观区人口，纳入搬迁安置规划设计处理，不再保留待观区域"，由于当时许多其他类似水利水电项目在规划设计和实施过程中依旧保留了待观区的概念，而糯扎渡水电站在待观区规划设计的处理上无疑又更进了一步。

6. 水库蓄水后库岸稳定阶段性复核

移民安置实施阶段，糯扎渡水电站在 2011 年 11 月和 2012 年 4 月完成一期（高程 745.00m 以下）、二期（高程 790.00m 以下）移民搬迁和阶段性验收工作，电站导流洞下闸封堵，水库开始分期蓄水。

由于糯扎渡水库巨大，库岸线很长，地质条件复杂，因此在已确定的影响区范围及库区段结合下闸蓄水，昆明院与地方政府多次进行水库蓄水后库岸稳定阶段性复核，编制相关专题报告。同时根据发现的地质问题，及时调整修正水库影响范围，确保了移民群众生命财产的安全。

如 2013 年期间，在对思茅区硝塘箐小组现场地质勘查复核过程中，发现蓄水后对该小组所在边坡产生影响，有 17 户农户居住区域为滑坡区；同时蓄水后淹没了小组硝塘箐桥下过河道路，使硝塘箐小组 16 户农户对外交通中断，并且该小组居民点位于硝塘箐河谷壶口区域，河道狭窄，上游流域面积有 60 多 km² 且多暴雨，每逢暴雨洪水来势凶猛，小组群众生命财产安全会受到威胁。因此，昆明院提出将该小组 44 户 174 人进行搬迁安置。

如景谷县团山组和猛堆组在前期规划设计阶段由于地质原因采取搬迁处理，通过地质复核工作，认为两块区域位于库尾段具有防护处理的可行性。同时两个小组的居民也是强烈要求进行防护处理，不想搬迁。通过昆明院后期详细的地质勘察和防护工程设计论证，两个小组通过防护处理后不再进行搬迁，水库蓄水后形成了依山傍水的居住环境，广大群众对实施效果感到满意。

如澜沧县四七小组属于糯扎渡水电站淹地影响移民小组，小组内群众有 198 人，其中有糯扎渡水电站自行搬迁移民 29 人。在 2017 年的库岸稳定复核工作中，发现该小组房屋存在墙体轻微拉裂和地表裂缝等地质灾害现象，通过现场地质踏勘，发现该区域为原始崩塌堆积物，部分村民建筑物置于崩塌堆积体上，因崩塌堆积物的特性和未经碾压处理导致了建筑物和道路拉裂，地方政府也及时启动安全预案，并纳入当地地质灾害异地搬迁处理，由于地方政府相关建设资金紧张，考虑到该小组为糯扎渡水电站生产安置移民，各方同意给予移民资金补助用于四七小组地质灾害搬迁工作，确保了移民群众生命财产安全和社会稳定。

如澜沧县黑河街场位于糯扎渡水电站支流黑河库尾段，属于地方自发形成的集贸交易场所。由于糯扎渡库区水位变幅较大，2013 年以来黑河街场部分岸坡发生地基局部沉降、变形，两岸居民房屋出现不同程度的房屋基础和墙体开裂现象，部分房屋已成为危房。经昆明院与地方政府多次现场踏勘，同时聘请第三方机构对受损房屋进行鉴定，分析研究房屋受损地质原因，提出了"防护区修复＋未防护区新增防护及修复"和"防护区修复＋未防护区搬迁"两个处理方案。通过广泛征求当地政府和群众意见，建议采取"防护区修复＋未防护区新增防护及修复"的处理方案较为合适，并提供各方研究决策，最终黑河街场采取了"防护区修复＋未防护区新增防护及修复"方案，确保了群众生命安全和财产权益。

3.2　实物指标

移民实物指标调查是水电工程建设征地移民安置规划设计的重要内容之一，是开展移民安置总体规划、移民安置规划设计以及编制建设征地移民安置补偿投资概（估）算的基础性工作，是各级地方政府开展移民安置补偿兑付实施工作的基本依据，更关系到每个移民的切身利益。实物指标调查在不同设计阶段有不同的要求，预可行性研究阶段实物指标调查主要是为论证工程规模服务，工作深度满足规划需求，实物指标主要以图上作业为主，现场踏勘为辅。可行性研究阶段的实物指标调查是为移民安置规划和补偿兑付提供基本依据，要进行全面准确的调查。实施阶段主要是对实物指标进行分解细化，以便于补偿兑付，必要时对变化的实物指标进行复核。

糯扎渡水电站实物指标调查及分解细化工作周期长、对象多、情况相对复杂。可行性研究报告阶段，由昆明院和地方政府共同对实物指标进行了全面调查，实施阶段，以地方政府主导，昆明院技术配合，对实物指标进行分解细化，并对错漏的实物指标进行了复核。糯扎渡水电站实物调查工作在遵循国家及云南省相应的法规政策和规程规范前提下，尊重历史、客观公正、依法依规、实事求是处理地区社会经济发展和工程建设之间存在的矛盾问题，同时也在调查细则编制、实物指标公示确认、疑难问题处理上进行了创新与实践。

3.2.1　可行性研究阶段

1. 实物指标调查细则

开展实物指标调查是为了全面了解糯扎渡水电站涉及区域自然地理环境和社会经济状

况，全面调查水库淹没和移民搬迁水位线以下的各种经济对象的实物指标，初步查明库周剩余资源，分析论证水库淹没对当地经济的影响，进而为水库移民安置规划设计、集镇（街场）迁建规划、专业项目改（复）建规划设计及编制水库淹没处理投资概算提供基础资料和依据而开展的一项基础性工作。按照现在的政策规范要求，在实物指标调查工作开展前，设计单位应编制调查细则作为各方开展实物指标调查工作的依据和基础，而在糯扎渡水电站前期规划设计阶段，国家和云南省相关移民法规及政策均未统一明确调查细则编制的要求，相关水利水电项目实物调查主要是按《水利水电工程水库淹没实物指标调查细则（试行）》（水规字〔1986〕77 号）的要求执行，一般不单独针对工程项目编制调查细则。

因此，在糯扎渡水电站开展实物指标调查工作前，为使全库区的实物指标调查统一标准、统一尺度、统一方法，昆明院专门针对糯扎渡水电站水库区的特点编制了《糯扎渡水电站可行性研究阶段水库区、施工区实物指标调查细则》，同时省级移民主管部门组织项目业主和专家对调查细则进行了咨询，并提出了宝贵的咨询意见，昆明院根据咨询意见进行了修改完善。调查细则主要依据当时国家相关的土地、林地、文物相关法律法规以及规程规范，其中土地类别主要参照了《关于印发试行〈土地分类〉的通知》（国土资发〔2001〕255 号），调查方法则参照《水利水电工程水库淹没实物指标调查细则（试行）》（水规字〔1986〕77 号），根据糯扎渡水电站库区社会经济特点编制。修改完善后的调查细则在糯扎渡水电站实物指标调查工作中起到了较好的指导作用，在同时期类似项目中，对实物指标调查工作进行针对性和规范性指导也是创新与实践。

《水电工程建设征地实物指标调查规范》（DL/T 5377—2007）明确了进行可行性研究报告阶段的实物指标调查前，应编制实物指标调查细则，经省级人民政府确认后作为调查工作的指导性文件。据此，在开展水利水电项目实物指标调查工作前，编制实物指标调查细则是移民工作开展的必需程序。

2. 实物指标公示和确认

2004 年 4 月，云南省人民政府发布了《关于糯扎渡水电站工程施工区和水库淹没区内停止基本建设和控制人口增长的通知》（云政函〔2004〕83 号），从当时相关调查工作时序上来说，调查的实际时间是早于停建令的发布，当时指标调查确认主要以相关利益方签字为主，未进行张榜公示和确认等程序。

2007 年，根据"国务院令第 471 号"的要求，昆明院编制糯扎渡移民安置规划大纲和移民安置规划报告，各县（区）人民政府组织了实物指标公示和确认工作，并出具了认可文件。由于当时云南省内水利水电项目对于实物指标主要以调查为主，对于指标成果的公示和确认工作不重视，也导致后期出现较多推诿扯皮和法律纠纷事件。为了做好糯扎渡水电站实物指标公示及确认工作，昆明院对各县（区）公示及确认提出了具体要求：对于实物指标公示地点，个人财产在村民组、自然村或相对集中的居住地进行公示；集体财产在村民委员会、相对集中的居住地或乡镇驻地进行公示；国有财产和专项设施，在权属单位或管理单位内进行公示。实物指标公示内容包括人口、房屋、零星果木树和农副设施等。明确实物指标张榜公示实行三榜定案制，每榜公示时间为 7 天。在实物指标公示结束后应分区域逐级汇总，由县（区）逐级确认。

糯扎渡水电站实物指标按照程序进行张榜和公示在规范云南省全省实物指标调查工作中起到了引领示范作用，参与的各县（区）在后期的实物指标复核细化工作中也认识到指标公示和确认的重要性。

3.2.2 移民安置实施阶段

移民安置实施阶段，为满足糯扎渡水电站建设和地方政府移民安置实物指标补偿工作的需要，从 2007 年开始，各县（区）在前期糯扎渡水电站确认实物指标基础上，开展了糯扎渡水电站实物指标细化工作，并按不同建设征地区域分阶段开展。针对上阶段未考虑周全的地方进行了查缺补漏和完善，同时根据后期国家法规政策和规范的相关要求，对实物指标变化成果进行公示和政府确认，从行政和法律程序上保证了实物指标的公平公正。

为了做好移民安置实施阶段糯扎渡水电站实物分解细化工作，昆明院编制了《云南省澜沧江糯扎渡水电站招标设计阶段建设征地及移民安置实施规划设计工作细则》，以指导实物指标分解细化，并组织各县（区）开展实物指标成果的技术交底及业务培训，提出了实物指标分解细化工作的工作组织、项目内容、工作深度要求、签字认可、确认、争议处理、张榜公示等要求。整个糯扎渡水电站实物指标分解细化工作涉及 2 市 9 个县（区）600 多个村民小组，其中耕园地近 16 万亩，林地 24 万亩，涉及人口 1.5 万人。昆明院编制的《云南省澜沧江糯扎渡水电站招标设计阶段建设征地及移民安置实施规划设计工作细则》较好地指导了地方政府的实物指标分解细化工作，特别是对耕园地在原调查到组成果的基础上，按照土地经营权的关系分解细化到户，此项工作量巨大且工作过程中出现了大量的争议，经过参与各方的共同努力，完成了糯扎渡水电站土地到户分解细化工作，为后期各县（区）顺利实施逐年补偿安置奠定了工作基础。

同时，在实物指标分解细化工作中，昆明院根据地方工作过程中出现的疑难问题，及时进行跟踪解决。如当时澜沧江两岸农村存在较多的轮歇地，由于生产水平低下，采用刀耕火种的方式，未耕种期间容易判断为林地，在实物指标细化过程中，群众意见较大，通过各方共同实地调查论证，将此部分土地重新调整为耕地，确保了移民群众的根本利益。某县某小组在实物分解细化工作中反映大量柚木未给予认定，地方政府联合昆明院并邀请林业专家至现场对种植的柚木年限进行科学合理判定，及时中止了对停建通告发布后新种植柚木的认定，避免了库区不合理现象的出现。

3.3 农村移民安置

农村移民安置规划设计是为恢复水电工程建设征地处理范围涉及的农村移民的生产生活条件，妥善安置农村移民而进行的规划设计。农村移民安置规划设计任务包括计算农村移民安置人口，确定规划目标和安置标准，分析移民安置环境容量，拟定移民安置方案，进行生产安置规划设计、搬迁安置规划设计，编制规划投资概（估）算，提出移民后期扶持措施，进行生活水平评价预测等。

糯扎渡水电站前期规划设计阶段以农业集中安置为主，规划生产安置人口 48715 人，搬迁移民人口 44394 人，涉及农村集中安置点 46 个。到移民安置实施阶段，糯扎渡水电站安置方式调整为逐年补偿、农业安置相结合为主的安置方式，搬迁移民调整至 27049 人，规划农村集中安置点 57 个。在此期间，由于国家法规政策、移民规程规范、地方政府意见及移民群众诉求发生了变化，农村移民安置规划设计在安置标准、生产安置人口计算、安置方式拟定和居民点安置规划等方面进行了诸多的创新和实践，以适应各方面的变化，为地方政府农村移民安置工作提供了有力的规划依据。

3.3.1 可行性研究阶段

3.3.1.1 安置标准

糯扎渡水电站移民安置前期规划设计阶段，"国务院令第 74 号"和"96 水电工程移民规范"中对于移民安置标准并没有很明确的政策和规范性指导意见。前期规划设计中移民安置标准主要是基于大农业安置方式下的土地资源配置标准和移民安置点建设标准。其中土地资源配置根据库区和外迁安置区的土地资源和人口环境容量，本着不降低原有水平的原则，进行具体配置。移民安置点建设标准按照"不降低移民原有生活水平"的原则，对需要动迁安置的农村移民，在移民安置新点建设中，按国家和云南省有关政策规定执行。糯扎渡水电站建设征地和移民安置区地处山高谷深、交通闭塞、少数民族杂居、经济落后、工业基础薄弱的山区和半山区。其中安置点建设标准中主要是确定人均建设用地面积、用水定额、用电标准和村庄内基础设施标准等。

根据"96 水电工程移民规范"，对于居民点的用地规模，应根据原有用地面积，参照国家和省、自治区、直辖市有关规定合理确定。根据实物调查成果，糯扎渡水电站原有居民村庄用地规模为 63m²/人，属于村庄用地面积较少的区域。在规划设计中，考虑到《村镇规划标准》（GB 50188—93）第二级确定的人均建设用地面积为 50～80m²，结合农村居民点为新建安置点，相应配套的基础设施较为完善，同时为改善居民的居住空间和宅基地的选择，在糯扎渡水电站移民安置前期规划设计阶段按照《村镇规划标准》（GB 50188—93）的上限即 80m² 确定。

根据"96 水电工程移民规范"，对移民居民点的供水、供电、交通和文化、教育、卫生等公共设施，原则上按照原有的水平和当地的具体条件，经济合理地配置。由于糯扎渡水电站农村移民搬迁前，村庄用水基本为箐沟水管简易连接方式，基本无用水安全和标准可言，因此在规划设计中用水标准按《国务院办公厅转发关于农村人畜饮水工程的暂行规定》，以每人平均日用水量 80L（含少量家畜、家禽用水）计。村庄用电基本为小水电自发电或农村电网，在规划设计中供电容量根据农村生活用电量加上较大功率的农机具使用因素按人均负荷 200～250W 计。原有村庄基本都是人、马行路与机耕路，土路面，雨季泥泞旱季尘土飞扬，因此在前期规划设计中，安置点村内街道按《村镇规划标准》（GB 50188—93）标准，场内路面为泥结碎石或夯土结构。对于规模较大的安置点采用混凝土沥青铺设。安置点对外连接道路，一般乡镇之间按四级公路标准配设，乡镇至中心村按农用机耕路配设，中心村至基层村的道路以大车路或人行路配设。同时针对居民搬迁后，原有的学校、卫生医疗点、村民委办公室等公共设施无法适应新的要求，除对原有设施给予拆迁重建外，按《村镇规划标准》（GB 50188—93）中的有关规定，结合各安置点安置人口、规模和层次及其在村镇体系中的地位和职能，分为基层村（村民小组）、中心村（村民委员会）的层次配置相应的学校、医疗室和村民委办公室等公共设施。糯扎渡水电站移民安置前期规划设计阶段在充分考虑糯扎渡水电站库区移民的实际情况基础上，未生搬硬套原有的水平和当地的具体条件去明确安置标准，更多从区域社会经济发展的长远来考虑确定安置标准。

糯扎渡水电站水库移民大多数为少数民族，根据不同民族特点和民族习俗，各个安置点规划配置相应的公共文化设施，恢复本民族的宗教和习俗活动场所。另外，傣族寨子都有神山、神树、寨心等，在移民安置规划设计时都进行了相应的设置。哈尼族特有的竜巴门、竜山（坟山）等，在移民安置规划设计时也都进行了相应的设置。同时糯扎渡库区各民族能歌善舞，有举行集体歌舞的风俗，在规划时为少数民族安置点设置一定面积的公共活动场地。因此，在充分尊重少数民族传统的原则上，糯扎渡水电站移民安置前期规划设计阶段在安置标准领域涉及少数民族的处理上跨出了实质性的一步，在当时同类型水利水电项目移民安置规划设计工作中具有引领性和创新性。

3.3.1.2　生产安置人口分析

根据"96 水电工程移民规范"，生产安置人口应以其主要收入来源受淹没影响的程度为基础研究确定。以耕地为主要生活来源者，按照被征用的耕地数量除以征地前被征用单位平均每人占有耕地的数量计算。对搬迁人口和生产安置人口，均按照基准年数量按人口自然增长率计算到规划水平年。人口自然增长率，根据国家和地方的计划生育政策和当地实际的人口增加情况综合分析确定。当时的规范基本已提出了生产安置人口的计算依据以及要考虑人口自然增长因素，但对于具体如何计算，未给予明确的说明。

昆明院在糯扎渡水电站前期规划设计阶段，对于生产安置人口，引用了当时《土地管理法》的规定："需要安置的农业人口数，按照被征用的耕地数量除以征地前被征用单位平均每人占有耕地的数量计算"，确定了当时的计算原则，同时在计算中应考虑到耕地习惯亩与标准亩的换算系数，在实物指标调查工作中，通过典型调查和收集相关村组统计报表数据确定。糯扎渡水电站基准年（2002 年）农业生产安置人口计算为 40562 人，按人口自然增长率 13‰（按照区域人口自然增长率的上限）推算到设计水平年 2013 年生产安置人口为 46867 人。由于糯扎渡水电站采取农业外迁集中安置方式，部分小组出现生产安置人口大量外迁集中安置，少量未失地农民需留守村庄的情况，在实际操作中困难较大。为此，设计单位昆明院提出将此部分村民会同村组一同搬迁安置的方案，提出了随迁人口，因此在考虑随迁人口 755 人后，糯扎渡库区设计生产安置人口统计为 47622 人。

3.3.1.3　生产安置方式的拟定

糯扎渡电站前期规划设计阶段农业移民安置方式以大农业安置为主，其中居住在建设征地区内需搬迁人口只有 12547 人，通过考虑库周剩余资源与后备资源情况，结合库周环境容量分析，规划搬迁农业移民人口确定为 43602 人，在涉及的 9 个县（区）规划农村移民集中安置点 46 个，涉及生产安置人口 47622 人，各县（区）需为移民配置耕地 91481 亩（其中水田 44346 亩，旱地 47135 亩），糯扎渡水电站前期规划设计阶段采取农业安置方式符合当时绝大多数水电水利工程的安置模式，并通过集中外迁的方式将库区高山峡谷地区经济社会发展程度相对较低的移民群众迁往土地资源丰富、交通便利、集镇附近等发展程度较好的区域。因此，在当时的环境背景下，糯扎渡水电站移民生产安置采取农业集中外迁安置无疑是对移民群众生产生活恢复较好的选择。

同时糯扎渡水电站移民安置前期规划设计阶段涉及的各县（区）移民安置区农田水利工程设施多为 20 世纪 50—60 年代修建，年久未修，工程严重老化，灌溉面积及灌溉保证率大大降低，已完全不能满足生产、生活用水的需要，同时云南省及地方财政压力大，很多县属于国家级贫困县，翻修新修水利工程设施压力很大。由于糯扎渡水电站各安置区为移民配置了大量的耕地、园地和其他土地，对当地群众现有的耕地面积重新调整分配，对部分荒山、草地进行整治开发，灌溉需水量大大增加，更加重了当地水利工程设施的承载能力，另外部分移民安置区的土地仅靠自然降水灌溉而没有配套的农田水利工程，无法保证移民的生产、生活用水。因此，糯扎渡水电站移民安置前期规划设计阶段建设了 18 座中小型水库及其配套灌溉渠系工程，为解决地区水利设施落后问题和移民农业安置提供了必要的保证。

3.3.1.4　搬迁安置方案的拟定

糯扎渡水电站前期规划设计阶段农村移民搬迁安置方案的拟定主要以农村移民集中安置为主，其中集中安置点的方案拟定又是整个搬迁安置方案的核心。居民点主要集中安置库区建设征地影响需要搬迁的农村移民，其原居住的村庄一般为自然村落，随着历史发展形成，基础设施很不完善。

糯扎渡水电站前期规划设计阶段的居民点安置方案主要围绕以土农业安置为主，当时的移民安置点规划主要以地方政府部门为主导，选址主要是以各县（区）城镇周边为基础。由于当时涉及的各县（区）社会经济总体发展水平不高，城镇化水平较低，为结合地方城镇化发展需要，将大多数的移民安置点布置于乡镇驻地附近区域，同时安置点的安置规模较大，根据规划，糯扎渡水电站共搬迁农业移民人口 43602 人，在涉及的 9 个县（区）共设置农业移民集中安置点 46 个，其中 500 人以上安置点 35 个，1000 人以上安置点 23 个，1500 人以上安置点 9 个，2000 人以上安置点 1 个。

糯扎渡水电站前期规划设计阶段的移民搬迁方案在充分征求地方政府意见的基础上，充分考虑与地方城乡发展规划需求相结合，倡导移民外迁集中安置于乡集镇附近。对于移民群众的意愿，考虑到当时移民群体整体文化素质水平较低，在确定安置区域后更多是进行宣传引导。

3.3.2　移民安置实施阶段

3.3.2.1　安置标准

实施阶段糯扎渡水电站移民安置由农业集中安置方式调整为逐年补偿和农业安置的多渠道多形式的安置方式，针对逐年补偿安置方式，经过昆明院多次调研分析论证，提出了 187 元/（人·月）的标准，年度增长机制则根据云南省统一的政策标准进行调整，对采取逐年补偿的外迁移民结合本村组剩余资源或者淹没补偿集体财产情况，人均配置耕地 0.3～0.5 亩。

糯扎渡水电站征地移民安置的逐年补偿标准制定之初，云南省尚未统一逐年补偿的标准或未明确过相应的制定原则，金沙江流域的部分电站当时仍采用过渡期补助方式，糯扎渡水电站逐年补偿标准采取了统一标准模式，与金沙江流域提出的"淹多少，补多少"模式具有较大差异，在逐年补偿方式及标准上走出了不同的探索路线，特别是 2015 年云南省人民政府出台了逐年补偿安置意见，糯扎渡水电站逐年补偿的方式及标准与云南省后期出台的政策衔接性较强。

随着经济社会和国家法规政策、规程规范的变化，糯扎渡水电站移民安置点村镇建设和基础设施配置标准中关于人均建设用地面积、用水定额、用电标准和村庄内基础设施规划标准等也经历了较大的变化。特别是前期规划设计阶段确定的相关安置标准，随着国家及云南省相关政策的变化也随之发生调整。

糯扎渡水电站移民安置区建设用地标准根据《镇规划标准》（GB 50188—2007）调整至人均 80~100m²，在安置点的规划设计过程中，根据地方政府和广大移民群众的意愿及要求，按照上限 100m² 开展工作。对于安置区生活用水，在原安置点人均日用水最高定额为 80L/（人·d）的基础上，充分考虑饲养畜禽用水定额和公共建筑用水及漏损，确定最高日综合用水指标为 120L/（人·d）。安置点居民用电考虑到云南省农村电网改造，根据《云南电网公司 35kV 及以下城农网工程设计控制条件》（2012 年），按农村 F 类供电区居民 3kW/（户·年）进行确定，安置区道路标准也进行了提高。糯扎渡水电站移民安置点规划到实施时间跨度大，随着经济社会和国家及地方相关法规政策、规程规范的变化，糯扎渡水电站的安置标准未墨守成规，一成不变，在不违反国家相关要求的前提下，因地制宜地综合确定各类标准，得到了地方政府和广大移民群众的认可。

3.3.2.2 生产安置人口分析

"07 水电工程移民规范"出台后，明确生产安置人口对以耕园地为主要收入来源者，按建设征地处理范围涉及计算单元的耕园地面积除以该计算单元征地前平均每人占有的耕园地数量确定。必要时还需考虑征地处理范围内与征地处理范围外土地质量级差因素的计算方法。

因此，在移民安置实施阶段，昆明院在进行糯扎渡水电站移民安置长效补偿标准分析研究工作中，对于长效补偿人口的计算，以建设征地影响的耕地面积除以人均耕地面积进行。在分析过程中，考虑耕地的质量级差因素，标准耕地按水田进行计算，其他耕地按年产值与水田年产值进行折算，即甘蔗田质量系数为 0.868、旱地质量系数为 0.573、甘蔗地质量系数为 0.535、菜地质量系数为 1.403。各村组人均耕地以前期规划设计阶段的成果为基础，考虑耕地质量级差因素后确定。按照当时的计算，糯扎渡水电站移民安置长效补偿人口共计 41136 人，比前期规划设计阶段糯扎渡涉及生产安置人口 47622 人减少了 6486 人，减少近 14%。由于与前期规划设计阶段比例差异太大，因此糯扎渡水电站移民安置实施阶段生产安置人口延续前期规划设计阶段不考虑质量级差因素是合理合适的。在移民安置实施阶段，糯扎渡水电站移民安置水平年计算成果中农业生产安置人口为 48312 人，实施阶段仍然考虑了外迁小组的随迁人口，因此糯扎渡水电站实际规划需生产安置人口 48475 人，比前期规划设计阶段糯扎渡库区涉及生产安置人口 47622 人只增加了 853 人，增加比例近 2%。

3.3.2.3 生产安置方式的调整

随着云南省水利水电工程开发进程加快，移民规模剧增，再加上土地资源日益紧张，实施以土为主的农业安置和外迁安置的难度加大。云南省于 2007 年率先在金沙江中游水电站及下游向家坝水电站研究出台了逐年补偿安置方式的政策；随后又根据金沙江溪洛渡水电站、澜沧江糯扎渡水电站及上游梯级水电站项目和流域特点开展针对性研究，在全流域逐步推行了逐年补偿安置方式。

糯扎渡水电站主体工程建设进度提前，库区移民安置按原进度计划已无法满足主体工程建设进度计划要求。同时前期规划设计完成后，移民搬迁实施前，糯扎渡水电站库区经济社会也产生相应变化，库区部分区域橡胶产业发展迅速，同时由于移民政策中对于远迁移民库区剩余资源的处理问题无统一有效的处理方案，导致部分原规划远迁的移民出现较大的意愿变化和心理抵触情绪。同时随着金沙江中游水电站及下游向家坝水电站研究出台了逐年补偿安置方式的政策，库区广大群众和地方政府也对原来的以土安置方式提出了不同的意见。因此，为更妥善安置糯扎渡水电站移民，满足糯扎渡水电站工程建设进度需要，地方政府和广大移民群众结合糯扎渡水电站实际情况提出多渠道多形式安置移民的要求。

由于当时云南省尚未出台统一的逐年补偿安置方式政策，金沙江流域采取的"淹多少，补多少"的方式，也未明确具体的实施方案，很多项目采取了按临时标准发放的形式。而糯扎渡水电站库区移民群众生产生活环境与金沙江流域存在较大的差异，糯扎渡水电站逐年补偿安置方式不能一味照抄照搬金沙江模式。

为做好该项工作，昆明院开展了糯扎渡水电站农业移民长效补偿安置方式专项研究，通过实地调查，收集了大量统计资料和文献资料，并结合糯扎渡水电站实际情况，对糯扎渡水电站农业移民安置长效补偿方式、标准及评价体系等方面进行分析研究，提出了"淹多少，补多少"标准、城市生活保障标准、全库区平均人均耕地标准3种方案。其中"淹多少，补多少"为金沙江流域模式，而城市生活保障模式和全库区平均人均耕地模式共同特点是对糯扎渡水电站移民逐年补偿确定了一个统一的标准，即每个移民每月可领取的逐年补偿货币标准是一致的，淹没土地的多少决定了家庭成员可享受逐年补偿的人员多少，这个模式也保证了土地资源损失较多，人均指标较高的村组在享受逐年补偿的同时，可以保证有一定的资金能力恢复土地资源，继续从事传统的农业生产活动，标准的高低也影响移民配置土地的资金能力以及业主后期的资金压力。相关分析研究成果提交各方后，经各方充分讨论研究，最终明确糯扎渡水电站移民安置执行"187元/（人·月）方案"。

在明确糯扎渡水电站移民安置逐年补偿安置标准后，各县（区）即开展了移民意愿征求和确认工作，最终糯扎渡水电站生产安置人口中，采取逐年补偿安置方式26010人，农业安置方式22432人，50%以上移民选择了逐年补偿安置方式，同时有农业安置条件的移民也选择了传统农业安置方式。选择逐年补偿安置方式后，大量的搬迁移民选择了就地后靠安置，集中外迁安置配置土地数量大幅减少，不再需要配套相应的水利工程措施，因此糯扎渡水电站除了前期为枢纽工程区和围堰截流区提前配套建设的泡猫河、金竹林水库采取了拼盘资金建设方案外，其他水利设施项目由地方政府根据地区经济社会发展需要自行建设完成，不再配套移民资金。

糯扎渡水电站逐年补偿标准明确后，地方也出台了具体的实施方案，2015年云南省出台了统一的逐年补偿意见（云政发〔2015〕12号），因此糯扎渡水电站逐年补偿实施标准及方案走在全省的前列。

糯扎渡水电站由于实行逐年补偿安置，不再需要为移民筹措大量的耕园地，也不必花费大量的移民资金进行水利设施等配套设施建设，较好地解决了人地矛盾，减少了搬迁人口，降低了移民安置难度。糯扎渡水电站逐年补偿安置方式是"国务院令第471号"与云南省水电移民具体实践相结合的产物，其精髓是建立以移民逐年补偿机制为保障的多渠道多形式安置移民方式，与前期规划设计阶段大农业安置方式相比有以下创新特点：

（1）糯扎渡水电站逐年补偿安置机制较好地解决了区域人地矛盾突出问题。逐年补偿安置方式通过为移民配置少量土地，有效解决了库区耕地资源紧张、人地矛盾突出、资源环境容量不足的问题。

（2）糯扎渡水电站逐年补偿安置制定了统一的标准机制，避免了"淹多少，补多少"标准差异过大带来的攀比等不稳定因素。

（3）糯扎渡水电站逐年补偿安置机制拓展了移民的安置途径，移民通过逐年补偿获得稳定的货币收入，在解决其基本生活的基础上，劳动力得到释放，随着库区和安置区经济社会的发展，产业结构的调整，后期扶持不断地投入，促进了移民的就业机会和产业升级，为移民增加了更为广阔的发展空间。

（4）减轻了移民安置压力。澜沧江糯扎渡水电站原审批的农业移民安置方案均为农业安置，在实施过程中将农业安置调整为逐年补偿，搬迁人口大幅度减少，由于糯扎渡水电站库区多为少数民族区域，移民故土难离的情绪较多，动员外迁安置工作任务艰巨，实行逐年补偿安置后，搬迁移民很多可以采取就地后靠，以选择移民住宅用地为重点，不再把生产用地筹措及相应基础设施作为决定要素来考虑，加之逐年补偿减少了安置人口及相应基础设施建设，使移民安置点的选择简便快捷，减轻了搬迁安置压力，缩短了移民工作周期，推进了移民搬迁安置工作的进度，有力地推动了糯扎渡水电站工程建设的进程。

（5）逐年补偿安置方式可以最大限度地管理使用淹没线上剩余资源。由于糯扎渡水电站逐年补偿安置方式减少了搬迁移民人口数量，移民可以不搬迁或就地后靠安置，能最大限度地利用淹没线上剩余的各种资源，为恢复和提高生产生活水平提供了有利的基础条件。

3.3.2.4 搬迁安置方案调整

"国务院令第471号"的出台，要求广泛听取移民和移民安置区居民的意见，必要时应当采取听证的方式，切实转变了"重工程、轻移民"的局面，体现了以人为本的思想。

糯扎渡水电站征地移民生产安置方式由大农业安置为主转变为农业安置和逐年补偿等多形式多渠道的安置方式，同时随着国家经济社会的不断发展，移民政策的不断完善，规划理念的更新，移民安置实施阶段的搬迁安置方案也随之调整。如库区涉及的澜沧县、思茅区低海拔区域优势，橡胶产业迅猛发展，橡胶收入猛增，农民产业结构出现明显的调整，成为库区移民的支柱产业之一，搬迁前意愿调查中，两县（区）移民要求就近搬迁安置的意愿相当强烈，其中思茅区移民安置实施阶段规划了16个安置点，其中12个为就近搬迁安置居民点。对于库区中上游的景谷、双江等县（区），由于库区产业较为单一，主要靠传统的种植业为生，同时库区的基础设施环境整体较差，前期规划设计阶段确定的外迁安置点主要位于城集镇附近，区域土地资源丰富，环境容量充足，因此库区移民还是倾向于传统的外迁集中安置，充分依托已有城镇的优势。

因此糯扎渡水电站移民安置点方案呈现的是外迁安置点以大规模集中安置为主，而就近后靠安置点以零星分散安置为主的特点。

3.3.2.5　安置点规划设计

糯扎渡水电站移民安置实施阶段安置点规划设计主要是根据移民搬迁调整方案确定后开展的具体移民单项工程设计。规划设计是否科学合理，移民群众是否满意决定了移民安置点规划设计的成败，也关系到移民群众能否搬迁安置入住和今后生产生活的长远发展。

因此在开展安置点的规划设计前，首先是做好移民群众、安置区本地群众和当地政府的意见征求工作。在移民搬迁方案确定后，设计单位与地方政府、移民群众代表共同对安置点新址进行踏勘，地质专业人员对新址地质情况进行初步的判断，规划专业人员对安置点场平布局进行初步规划，给排水、电气和道路等专业根据场平初步规划开展线路和方案的选取。安置点初步规划设计成果完成后，提供给地方政府和移民群众代表提出相关意见和建议，设计人员根据意见在合理可行的范围内进行修改调整，对于不合理或者无法满足的意见则给予回复说明。安置点的规划设计力求做到科学合理、群众满意。

如咖啡场安置点，安置居民以布朗族移民为主。原来的安置点初步选址位于思澜公路边，地形平坦，交通便利。但在征求移民意愿过程中，广大移民提出世代是依山而居，喜欢相对安静的环境区域，因此希望能在原选址区域的山坡区域安置，因此将安置点新址调整至原安置区域3km附近的山坡地带。

如热水塘新寨安置点由于受地形限制分为3个片区安置移民，由于移民强烈要求安置点统一成1个片区安置，而现有安置点地形地貌难以满足移民要求，因此在充分征求移民意愿的基础上进行调整，向东南方向移动760m重新选址规划设计。澜沧县香竹林安置点安置移民主要为彝族和哈尼族，原规划为1个组团安置，由于民族生活习惯存在差异，移民群众希望能分2个组团分别安置，因此在规划设计调整为2个组团。腊撒安置点安置原规划移民房屋朝西，主要安置在山脊西侧的坡地上，移民要求房屋朝向调整，为此规划设计根据区域的地形将组团布局进行了重新规划设计。松盘山安置点由于安置点附近新建了一个缅寺，为尊重移民的风俗习惯，将安置点房屋朝向重新进行了调整，场内布局也重新进行了调整。因此，糯扎渡水电站安置点的规划设计在布局规划中积极征求移民群众的意见，在规划设计允许的前期下，尽可能满足移民群众的需要，体现出规划设计以人为本的思想。

同时，考虑到农村环保要求的不断提高，为衔接后期污水处理的需要，安置点采用雨污分流制，生活污水经沼气池或化粪池处理后汇至安置点污水处理站，经处理后排放；雨水经雨水沟收集后就近排入箐沟及水体中。由于安置点提前考虑雨污分流制，为安置点后期环保水保措施的衔接提供了保障，同时也满足了美丽乡村的建设要求。

糯扎渡水电站前期规划设计阶段，安置点户外照明以有线供电照明路灯为主，由于考虑到路灯产生的电费难以处理，因此在部分安置点规划设计太阳能路灯，一是环保节能，二是能有效解决电费处理问题。

糯扎渡水电站前期规划设计阶段，安置点场内道路路面以泥结碎石或夯土结构为主。考虑到农村道路安全和环境卫生等因素，在移民安置实施阶段，安置点场内道路均调整为混凝土路面。改善了通行和居住条件，也满足了后来对农村道路硬化的要求。

3.3.2.6 公共设施项目规划

糯扎渡水电站前期规划设计阶段安置片区配套规划相应的公共服务设施，根据各个安置点规模分别配套村民委、医疗站、小组活动室、卫生室和文化室等，由于搬迁移民原来居住的村庄公共文化设施薄弱，云南省也未统一出台过相应的村庄公共设施建设标准和规模的政策，因此糯扎渡水电站前期规划设计阶段公共服务设施标准由设计单位根据区域已有设施标准并考虑一定的经济社会发展需要确定。

"07 水电工程移民规范"出台后，对于居民点内的公共建筑要求按建设征地范围内原有的实物数量与质量予以恢复重建补偿。实际上，由于糯扎渡水电站库区均属于高山峡谷区，经济社会水平落后，许多村民小组本身无公共建筑，已有的设施也是不符合规范要求的简易公共建筑。因此完全照搬规范处理公共文化服务设施不符合糯扎渡水电站移民安置工作的实际需要。

随着库区经济社会的发展，云南省关于新农村建设要求的规范化，对糯扎渡水电站实施阶段居民点文教卫等公共设施建设的要求也不断推陈出新。昆明院通过调研近几年新建设的公共文化设施，研读云南省出台的新农村建设要求，调整了原来公共设施配置标准。

同时前期规划设计阶段公共基础设施按照砖木结构房屋考虑，无法满足实际建设需求，因此移民安置实施阶段调整为砖混结构。如前期规划设计阶段村委会建设标准为 $180m^2$，实施阶段云南省已出台相关政策，规划设计将村委会主体办公楼建筑面积提高至 $300m^2$，并充分考虑村委会的建设含必要的篮球场、围墙、大门、厕所、厨房、灯等附属设施。同时提出对外迁规模较少的村民委，在接收移民搬迁过程中，对接收地的村民委给予增容补助的规划要求。对村委会的建设和补助，体现了各级部门对移民工作中最基层组织的重视，同时村委会在移民搬迁安置实施工作中也充分发挥了最基层组织工作的重要性。在云南省内水利水电项目移民规划设计中，糯扎渡水电站移民安置规划设计中考虑村委会实属创新。

对于教育设施规划，糯扎渡水电站移民安置规划中除淹没影响需改复建的小学外，主要采取对区域已有的中小学增容补助处理，其中增容小学入学人数比例按 10% 计，增容中学入学人数比例按 9.3% 计。采取增容处理，主要是考虑近几年库区和安置区教育机构改革，教育资源整合，很多学校面临撤校合并。对区域优势教育资源增容，可保障移民群众子女得到较好的教育资源优势，也避免了安置区单独新建中小学造成区域教育资源的重复浪费。

3.3.2.7 农贸市场规划

糯扎渡水电站部分移民安置区属于外迁集中安置区，采取逐年补偿安置方式的移民农业生产比例降低，外购农产品的需求不断提高，而采取传统农业安置方式的移民则需要外销农产品，因此为进一步搞活安置区农产品流通、增加移民收入、方便移民买卖，保障移民群众菜篮子工程，同时也为了加强移民安置点管理，避免移民群众自发露天经营、占道经营，影响安置区正常的村容村貌。

糯扎渡水电站在安置人口规模较大、移民辐射范围广、交通条件较为便利的移民安置区规划建设小型农村集贸市场 8 个。解决了糯扎渡水电站安置区移民群众生产方式调整后的物资交易，增加了移民区生产就业，带动了安置区的经济发展。糯扎渡水电站的农村集贸市场规划建设在整个云南省水利水电项目移民安置规划中都属于创新性的规划。

3.3.2.8　少数民族民风民俗设施

糯扎渡水电站前期规划设计阶段安置区为尊重少数民族习俗，规划寨门、村碑、缅寺、土主和寨心类设施。实施阶段根据每个安置区的民族特点、宗教文化和民风民俗要求，在规划中配置了不同的寨门、村碑、宗教场所、寨心、土主和庙房等民风民俗设施并计列相关费用，如景谷县松盘山、民乐安置点，澜沧县旧家东、农场、糖场安置区傣族群众较多，群众要求建设傣族祭祀场所缅寺的愿望强烈，因此在地方共同建设的基础上，给予移民资金补助处理。由于目前国家及云南省对于移民安置规划中少数民族的文化设施规划无相关法规政策和规程规范，因此糯扎渡水电站关于少数民族民风民俗设施规划设计，在云南省水利水电移民安置规划设计中已属于创新，具有较强的先行示范效应。

3.3.2.9　竜林处理

糯扎渡水电站建设征地涉及的移民群众中有很多傣族和爱伲族群众，傣族古文献《谈寨神勐神的来历》中讲到：傣族建寨时，要先选一片高大的森林，作为寨和勐的保护神"寨神"和"勐神"的居住场地，并把这片森林命名为"竜曼竜勐"，即"寨神林""勐神林"（即竜林），之后才在竜林周边平坦的地方建造村寨。竜林往往还会成为村寨建造者或者历史人物的墓地。

由于糯扎渡水电站实物调查中林地调查主要根据国家和云南省林业相关政策法规进行，对于竜林还是按照常规的林地分类办法划分处理。由于竜林具有民族宗教和村寨墓地使用的双重属性，傣族群众对于按照常规林地处理的方式很难接受，因此昆明院通过与地方政府民族宗教部门和傣族群众多方调研沟通，在搬迁安置区域附近单独配置竜林，由于国家民政殡葬管理的要求，不具有实际操作意义，为妥善处理少数民族群众的诉求，建议对竜林单独进行补偿处理。经各方共同研究决定，在《景洪糯扎渡水电站普洱市库区工作协调会议纪要》（原省移民开发局会议纪要，2017 年第 9 期）中明确：为尊重少数民族的生产、生活方式和风俗习惯，同意对糯扎渡水电站淹没影响傣族、爱伲族的竜林，根据确定的实物指标按 5 万/亩标准进行补偿，移民安置点不再单独配置坟山用地。

糯扎渡水电站移民安置实施阶段对于竜林的处理具有较强的区域民族特点，云南省作为少数民族聚居的区域，糯扎渡水电站移民安置规划设计在处理少数民族特殊问题上做出了创新与尝试，也为其他水利水电项目处理同类似案例提供了参考。

3.3.2.10　安置区防雷设施规划

糯扎渡水电站前期规划设计阶段考虑了防灾减灾设计，但主要是针对区域防洪、抗震、消防设计。同时移民规程规范也未对安置区防雷有强制性规定。

由于糯扎渡水电站部分移民安置区域地处低纬山区，山高谷深，地形地貌复杂，加上特殊的地理位置，容易形成强对流天气，雷暴活动频繁，库区及移民安置区都属于强雷区，是全国雷击灾害严重的地区之一。据相关统计，澜沧、景谷、景东、双江等县的部分移民安置区域均发生了不同程度的雷击灾害。由于在各移民安置点前期选址过程中很难考虑到雷电等气象要素，部分移民安置点分布在山坡、半山坡上，甚至在风口上，从气象要素分析极易发生雷击灾害。移民安置房屋建设多数为砖混结构，顶层多为钢架彩钢瓦加层，房屋在设计和施工过程中也未考虑专业的防雷装置设计和施工，所以房屋本身没有完善的防雷装置。同时由于农村电源及信号线路的布设特点，无论高压线路、低压线路还是入户线路均为架空布设，并且为了方便和节约投入资金，各种线路沿山坡架设，低压线路对防雷措施考虑不周，一旦雷电击中线缆或者附近区域，雷电流及雷电感应流就会"畅通无阻"地通过线缆侵入室内危害所有的家用电器。

在移民安置实施阶段为保护移民生命财产安全，结合各县（区）提出移民安置区雷击区域进行防雷设施布置的要求，昆明院和各县（区）气象部门开展了安置区防雷处理的研究。由于各个安置点按照避雷塔（针）方案规划需将安置点作为一个整体统一考虑设计，每个安置点均存在较大的跨度和占地面积，部分安置点安装防雷设施地点也受限制，严格按照规程规范要求建设足够多的避雷塔实现全部保护实施难度大，资金投入多。通过分析雷雨云的成因及源头，从技术上科学地在移民安置点选择重点位置，建立适当的避雷塔，以简单、经济、有效的方式对移民安置点进行保护。

昆明院规划了两个方案，并进行充分对比，从适用性分析第一类、第二类防雷设施应采用独立的接闪杆或架空接闪线或网，第二类、第三类防雷设施宜采用装设在建筑物上的接闪网、接闪带或接闪杆，或由其混合组成的接闪器。糯扎渡水电站移民安置点房屋层高2.8m，层数多为两层，均无危险建筑物且地势较为平整，属于第三类防雷区域，接闪网方案较为适宜。从实施可行性分析，接闪网方案中避雷带一般结合房建女儿墙同步实施，接地装置需埋设在每户居民房屋周边地面以下，目前糯扎渡水电站各移民安置点移民房屋已建成，房屋周围已进行地面硬化，同时部分安置区房屋规格及布局存在差异，导致接闪网方案实施技术难度较大。对于避雷塔针方案，安置点布局虽未预留避雷塔针用地，但经过气象部门合理分配避雷塔针的布设位置，可以满足防雷要求。因此，从实施角度看，避雷塔方案实施难度较小。从经济合理性分析，昆明院采用了3个方案对比：方案一即为以避雷塔为主的方案；方案二即以接闪网为主的方案；方案三即以费用最优角度进行分析的方案。除普洱市澜沧县石人梁子安置点，景谷县官山、扎把山安置点等3个已实施避雷塔防雷工程的安置点仍按照实际实施避雷塔数目计列外，其余安置点均通过比较安装接闪网或者避雷塔哪个实施费用最少为依据进行选择。计算得出方案一费用为1869.1万元，方案二费用为2874.19万元，方案三费用为1644.37万元。从经济合理性层面分析，方案二以接闪网为主的方案费用较高，方案一和方案三费用差别不大。根据昆明院的最终分析论证，从实施可行性和经济合理性的角度推荐选择方案一，即以避雷塔为主的防雷方案。

糯扎渡水电站安置区防雷设施规划在云南省水利水电移民安置规划设计中已属于创新性规划，具有较强的先行示范效应。

3.3.2.11　安置点设计变更系统规划

糯扎渡水电站移民安置实施阶段，昆明院根据相关的法规政策和规程规范及糯扎渡水电站涉及的相关县（区）明确的移民安置方案，开展了各移民单项的规划设计，经原省移民开发局审批后，各县（区）据此实施相关移民工程项目。在实施过程中由于移民意愿等方面的原因，相关安置点出现人口规模、安置布局等方面的调整。

《云南省大中型水利水电工程建设征地移民安置设计变更管理工作办法》（云移发〔2011〕17号）和《云南省大中型水利水电工程建设征地移民安置实施阶段设计变更管理办法》（云移发〔2016〕112号）明确了不同时期的设计变更工作管理要求，为规范移民安置工作，完善有关程序，各方系统组织开展糯扎渡水电站水库淹没影响区移民工程变更补充勘察设计工作。

为做好糯扎渡水电站建设征地移民安置变更设计工作，昆明院编制工作大纲，开展业务培训。通过对相关安置点变更情况进行现场实地踏勘，收集整理相关工程资料，补充了相关必要的勘察设计工作。根据收集整理后的相关材料开展变更初步设计并编制相应的变更报告。

2011年，《云南省大中型水利水电工程建设征地移民安置设计变更管理工作办法》（云移发〔2011〕17号）明确了云南省大中型水利水电工程建设征地移民安置实施阶段设计变更管理工作办法，其中对于重大设计变更，明确了方案、规划标准和投资变化达到一定幅度为重大设计变更，同时对设计变更的审批也提出了具体要求。2016年，原省移民开发局审议通过了大中型水利水电工程建设征地移民安置实施阶段设计变更管理办法。对于重大设计变更，相对2011年的管理办法主要是移民安置单项工程投资变化幅度提高，变化幅度标准由10%提高到20%。

由于糯扎渡水电站移民安置点变更设计工作时间跨度为2015—2018年，时间跨度长，经历了云南省设计变更管理办法修订变化过程，在云南省出台相关政策后，同时期尚无项目进行过大规模系统性的设计变更。昆明院根据云南省的政策要求，结合糯扎渡水电站移民安置点的实施现状情况，开展了移民安置点的设计变更工作，相关成果通过了国家有关单位组织的审查，为糯扎渡水电站移民项目后期验收奠定了基础。同时糯扎渡水电站开展安置点设计变更系统规划，统一规划设计变更工作，组织各方履行变更程序，在同时期水利水电项目中进行了创新与试点，为其他类似工程项目组织开展设计变更工作提供了有力的参考。

3.3.2.12 安置点规划用地处理

由于糯扎渡水电站移民主要以农村移民为主，大多为世代居住于澜沧江畔山地区域的居民，原来的村庄基本是杂乱无章的布局，环境卫生条件差。通过搬迁后，部分移民搬迁至较为平整的坝区，部分少数民族移民由于多年的生活习惯，仍然选择在山区进行安置。根据国家政策标准的相关要求，在移民区规划的过程中，普洱市基本统一了移民户的宅基地标准，根据《普洱市人民政府办公室关于进一步加强农村宅基地管理工作的通知》（普政办发〔2013〕177号），对于山区、半山区农村宅基地标准可适当放宽，但最高不得超过250m²，各县（区）按此统一了安置区的移民户宅基地标准为240m²，因此平坝区的安置点用地规划较为方便，山区的安置点由于涉及边坡处理，按照传统用地指标处理的话，必将压缩其他建设用地指标，无法满足相应的规划标准。由于边坡处理区域实施后无法作为建设用地使用，一般采取水保绿化措施后作为林地使用，本质上未改变其原有土地使用性质，因此考虑为临时用地处理，不纳入安置区的永久建设用地指标。

在移民安置过程中，景谷县松盘山，澜沧县凉水箐和热水塘新寨，思茅区飞机场脚和三棵桩等5个安置点的人均建设用地标准超过国家有关规定，导致工程量及投资增加。对于这5个安置点，主要是由于在移民安置实施过程中，移民要求户均宅基地按照少数民族风俗习惯进行建设，为尊重少数民族风俗习惯，在变更设计过程中户均宅基地按照移民要求，并结合现场实施现状进行布局。但是，由于宅基地面积增加导致人均建设用地超标准的部分，设计单位在工程设计变更中建议变更后采取地方划分的方式处理其超标部分工程量及工程投资，其划分处理比例按照变更后人均建设用地指标超出规范（100m²/人）的比例进行分析确定。如此处理后，移民安置区的其他公共基础设施用地得到了保障，通过严格控制移民户的建房面积，在现有的宅基地标准下，安置区的整体空间感也得到了提升，预留了较大的发展空间，为安置区今后的乡村振兴战略发展提供了支撑。

同时糯扎渡水电站设计变更过程中，部分安置区也出现了已实施征地及场平工程而未利用的情况。其中思茅区小芒杜、阿姑村和龙潭，景谷县松盘山和叫昌坝，以及澜沧县三棵桩（老赵田）、牛滚塘、原新城乡政府、旧家东和凉水箐等 10 个安置点，主要是由于移民意愿变更，原规划在此集中安置的部分移民选择在库周自行安置，导致部分场地平整工程实施完成后没有利用。这些安置点库周自行安置移民和乡村靠山居住居民较多，由于安置点出行道路已建设完成，且已实施未利用区域的场地平整基础、场内道路及给排水管道系统已建设完成，后期可将安置点已实施未利用区域作为农村宅基地进行市场化交易处理，地方政府严格控制此区域土地的使用管理和流转交易。

如澜沧县农场安置点由于移民意愿变更后调整至旧家东和上允糖厂安置点进行安置，导致部分场地平整工程实施完成后没有利用。已实施未利用区域已被租用建设为汽车驾校，目前暂由安置点小组代为管理，收取租金，避免了土地的闲置浪费。

如镇沅县太和、澜沧县热水塘新寨等 2 个安置点的已实施未利用项目，主要是由于移民要求宅基地按照少数民族风俗习惯进行布设，导致部分场地平整工程实施后尚未利用。对于该部分已实施未利用项目，已实施未利用区域占地范围较小，不能用于布设宅基地，移民主动种植绿色植物和花卉，美化了安置区环境。

糯扎渡水电站移民安置实施阶段，在安置点规划设计变更处理过程中，安置点用地规划中对边坡用地、已实施未利用区域、超标用地处理等方面提出了创新与尝试，为其他水利水电项目类似案例处理提供了参考。

3.3.2.13　库周非搬迁村组基础设施改善规划

糯扎渡水电站实行多渠道多形式移民安置后，由于移民安置方式调整，原农村淹地影响需搬迁移民人数减少了 20955 人，大量的原住居民不再搬迁。同时糯扎渡水电站库区大部分村组处于山高坡陡、偏远闭塞、交通不便的区域，加之该部分移民自 2004 年停建通告发布以来就没有修建房屋、发展产业，村组公共基础设施建设投资少，公共基础设施薄弱，生产生活条件较差，人居环境状况不平衡，脏乱差问题突出，与全面建成小康社会要求和移民群众期盼差距较大，脱贫攻坚任务繁重，制约了库区经济社会发展。当时在国家层面上尚未出台有关水电站库周非搬迁移民村组基础改善相关的法规政策，已完工或正在建设的水电项目也没有具体的范例可以参考，地方各级政府和项目业主在此问题上由于利益诉求的不同，亦不能达成一致的意见。

为了做好糯扎渡水电站库周非搬迁移民村组基础设施改善工作，助推地方经济社会发展，协助地方政府脱贫攻坚工作，昆明院在移民安置实施阶段对糯扎渡水电站库周非搬迁移民村组基础设施改善规划进行了专题研究。2015 年，云南省人民政府提出了"对影响较大的非搬迁就地恢复生产安置的移民村组，应规划对其基础设施和公共服务设施进行必要的改造和配套建设"的要求，原省移民开发局在《关于印发解读〈云南省人民政府关于进一步做好大中型水电工程移民工作的意见〉的通知》（云移发〔2015〕100 号）中对该条文进行了解释说明，"考虑到目前国家《水电工程建设征地移民安置规划设计规范》（DL/T 5064—2007）中无此方面的明确规定，移民要求解决这方面问题的诉求很高，此问题的解决事关移民群众长远发展和社会稳定，但由于此项工作政策性和技术性都较强，《意见》对此提出了原则性要求，具体措施和标准可在实际工作中由相关各方根据具体情况研究确定"。

昆明院依据地方提供的基础设施改善方案，对需要改善基础设施的移民村组和改善项目进行了分析研究，提出了 4 种方案。对库周非搬迁移民村组的村容村貌、公共文化设施、交通道路和饮水安全等方面进行规划，在当时全省的水利水电项目移民安置规划工作中已属于引领性规划。相关规划成果在改善库区非搬迁移民村组基础设施，提高移民群众生活环境，助推地方脱贫攻坚方面发挥了重要的作用。

3.4　集镇处理

糯扎渡水电站建设征地涉及景谷县益智集镇、澜沧县龙潭、热水塘街场处理，其中澜沧县龙潭、热水塘街场属于农村经济社会发展中逐渐形成的农村交易集散地，景谷县益智集镇为景谷县益智乡政府驻地，位于糯扎渡水电站库尾支流威远江江边。

3.4.1　可行性研究阶段

3.4.1.1　益智集镇处理方案

糯扎渡水电站前期规划设计阶段，在开展益智集镇处理方案规划时，考虑到益智集镇属于益智乡政府所在地，景谷县人民政府决定该集镇建制不变，乡政府集镇淹没影响的区域需搬迁重建，恢复其原有功能。

昆明院针对集镇受水库淹没和浸没两重影响，根据地质勘探结论并结合当地实际情况，提出 3 种方案供分析比较：①对所有淹没和浸没的对象采取防护措施；②将淹没和浸没的对象进行就近搬迁重建，并解决搬迁新址与原址之间的交通连接；③整体异地搬迁重建。当时拟定的几个方案中防护方案难度较大，不利于维护和运行，不利于当地群众的生产生活和集镇功能的发挥。就地搬迁和整体异地搬迁两个方案，其实施难易程度相仿，投资相近。由于水库形成后，当地的地理环境、交通网络都发生了较大变化，综合当地实际情况和地方政府及群众意见，设计单位认为，将益智集镇异地恢复重建将有利于当地经济发展和库区社会的安定团结，故建议益智乡政府集镇整体搬迁，异地重建。2008 年，景谷县人民政府根据昆明院的意见，由县委、县政府委托县人大、县政协成立调研组对益智集镇搬迁进行专题调研，并征求乡镇干部群众的意愿，县委、县人大、县政府、县政协召开了四班子联席会议，会议认为：为有利于集镇和经济社会的发展，为了库区社会的安定团结，根据影响程度，结合县人大的调研意见及乡镇干部群众的意愿，一致同意糯扎渡水电站淹没区益智乡集镇整体搬迁。

3.4.1.2 龙潭、热水塘街场处理方案

虎跳石街场属于澜沧县糯扎渡镇，位于思澜公路跨澜沧江的大桥—虎跳石大桥右侧，是进入澜沧、孟连、西盟三县的门户。1986年思澜公路建成通车，公路在澜沧江峡谷中顺流而上，跨过虎跳石大桥进入澜沧地界后，地势渐次平缓，原居住在山上的当地群众陆续迁到虎跳石一带路边建房经商。湄公河航道治理后，随着虎跳石码头的建成，其交通、区位和地形上的优势凸现出来，再加上糯扎渡电站建设的影响，虎跳石（非建制）街场成为澜沧、思茅、景谷3县（区）边沿地区，群众物资交流的主要集贸市场，很多外地人也在此从事商贸活动。通过当地政府的扶持，逐渐形成有一定规模的农副产品交易市场。糯扎渡乡投入建设了一些基础设施，市场辐射到周边50km范围，在当地农村经济生活中具有重要的作用。

为恢复虎跳石街场的功能，恢复对当地农村农副产品集散的功能。在前期规划设计阶段相关各方反复研究比较，规划将虎跳石街场迁建新址选在改建后的思澜公路边，位于规划新建的虎跳石大桥右侧龙潭，交通上的便利，区位优势与原街场相类，另外由于街场紧靠糯扎渡电站施工区，街场在糯扎渡电站建设期间，还可为施工人员服务。从长远看，虎跳石街场迁往龙潭有较好的发展前景。龙潭移民安置点规划占地150亩，分两期建设，一期虎跳石街场搬迁人口为集镇内的行政事业单位人口和个体工商户人口以及部分农经商人口，二期为老思澜公路沿线的非农人口。二期位于思澜公路K87+500.00m处，地形较平缓、地势开阔，与龙潭一期移民安置点相邻，规划安置热水塘街场以下（不含热水塘街场）至黑河入江口原思澜公路沿线非农业移民人口。

热水塘街场同样是依托思澜公路而形成的一个农村集贸市场，位于糯扎渡镇接思澜公路的进出口，因其交通上的优势，具有商贸交易、物资交流和集散的功能。热水塘街场迁往糯扎渡乡政府驻地——窑房坝，改建思澜公路从窑房坝中心穿过，在交通条件上和现在一样便利，而且窑房坝是糯扎渡乡的政治、经济、文化中心，现在就具有一定的基础设施，市场规模比热水塘街场大。另外窑房坝离电站施工区仅有30km，糯扎渡镇今后重点发展方向是为电站服务，因此热水塘街场迁入窑房坝街场，不仅达到恢复重建、安置移民的目的，而且通过搬迁建设，加强了窑房坝的基础设施，增加了人口规模，促进了小城镇发展建设，活跃了市场经济。

3.4.2 移民安置实施阶段

3.4.2.1 集镇修建性规划

糯扎渡水电站前期规划设计阶段确定益智集镇整体搬迁。2008年，原省移民开发局以云移澜〔2008〕19号文下发了关于糯扎渡水电站水库淹没影响普洱市景谷县益智乡集镇搬迁规划的批复，同意按照可研审定的整体搬迁方案进行规划和建设工作。

2008年，原省移民开发局在昆明组织召开糯扎渡水电站水库淹没影响景谷县益智乡集镇搬迁规划设计有关问题协调会，同意"为充分考虑移民搬迁规划与地方发展规划结合，将糯扎渡水电站水库淹没影响的益智乡集镇搬迁一并纳入景谷县集镇规划，由景谷县委托具备相应资质的规划设计单位完成，昆明院负责水库淹没影响搬迁规划设计部分的技术把关工作"，同时也明确了设计深度和要求。

为做好益智集镇移民安置实施阶段修建详规，景谷县委托了云南省城乡规划设计研究院编制完成《景谷县益智乡集镇总体规划》和《澜沧江糯扎渡水电站景谷县益智乡集镇迁建工程项目修建性详细规划》。

2010年，景谷县人民政府对益智乡集镇总体规划进行了批复。根据当时对益智集镇的总体规划的批复，集镇布局在综合考虑地形地貌、自然环境，民族风俗、观光旅游、集镇特色和分期实施等诸多因素基础上，整个规划区的功能结构为"一心、一带、一轴、多组团"。以新行政驻地为中心向东面辐射发展中心区，结合山体及威远江滨河绿化休闲带，片区核心发展轴沿片区中部南北向主路及道路集中布置为各居住组团，以及整个片区居民服务的服务中心等，使之成为未来的核心发展轴。以规划的主路及景观廊将片区分为行政办公、教育科研、住宅生活、商业文化四大组团。小镇建设由传统外延粗放式发展，转变为注重城镇质量的集约型发展。特别注重城镇建设以人为本，处理好跟人与地之间的关系，贯彻好切实保护耕地的基本国策，十分珍惜和合理利用土地，充分考虑利用高空空间，沿主街道楼层控制在3层以上。特别注重与生态环境的协调和平衡，建设林中城、打造绿色水乡。结合城镇上山、农民进城的要求，突出傣族文化特色，严格落实规划要求，以傣族元素为重点高标准建设，高位谋划，将益智乡集镇打造为集度假、休闲、会议、康体运动、乡村特色旅游和威远江自然保护区旅游于一体的精品山水旅游小镇。根据规划统筹考虑片区用地未来发展的总体格局，加强其与周边项目的联系，并注重与周边自然环境及道路交通的关系，确定22.54hm²用地的总体布局结构，实现资源共享，避免重复建设，益智乡集镇新址人均建设用地面积88.4m²，用水标准180L/（人·d），用电标准700W/人。规划区内的主要车行道延续规划的道路骨架，各组团内部道路采用6m宽，使其在保证机动车交通安全、通畅的同时，还能满足路旁临时停车的需求，并为机动车交通的发展留有余地。而支路则以满足居民居住生活使用要求为原则，规划采用4m宽道路。

3.4.2.2　房屋装修和经营性损失补助

糯扎渡水电站前期规划设计阶段，益智集镇内涉及的行政企事业与个体经商户规划补偿后随益智集镇迁建恢复。由于移民安置实施阶段糯扎渡水电站原房屋补偿标准过低，物价上涨过快，房屋建设成本提高，导致集镇行政单位与居民建房压力大，移民搬迁安置意愿一直未能明确，房建工作迟迟未能全部启动；行政事业单位建房资金缺口大，影响整体迁建工作进度，当时益智集镇迁建工作进展缓慢。

为确保迁建工作尽早完工，当地政府也结合集镇居民建房困难实际，参照农村危旧房改造、民房重建贴息贷款、能源补助等标准制定了一些优惠扶持政策，通过补助和加大建房搬迁奖励力度，放宽准入条件，减免公租房、廉租房租赁费用等方法促进搬迁安置，同时昆明院也及时根据景谷县人民政府的反映情况，对集镇迁建房屋补偿单价进行了测算调整，针对行政事业单位装修情况进行调研分析，提出了行政事业单位房屋装修补助处理。针对个体工商户的经营情况，通过现场抽样调查分析测算了停业损失补助标准。

糯扎渡水电站前期规划设计阶段，规划室内水电补助以解决移民户搬迁建房后室内给排水和强弱电建设问题，但相关行政事业单位未给予考虑，因此设计单位通过分析相关企事业单位迁建设计资料，针对益智集镇房屋规划了给排水及强弱电补助。移民安置实施阶段通过规划调整益智集镇房屋单价，增加了行政事业单位房屋装修、给排水强弱电补助以及测算经营性损失补助，减轻了益智集镇相关企事业单位及个体工商经营户搬迁建房的难度，确保了益智集镇迁建的顺利进行。

3.4.2.3 集镇民俗文化特色建设

根据益智乡集镇总体规划的要求，益智集镇迁建以傣族元素为重点高标准建设，政府将益智规划打造为集度假、休闲、会议、康体运动、乡村特色旅游和威远江自然保护区旅游于一体的精品山水旅游小镇。结合城镇上山、农民进城的要求，突出傣族文化特色。为此景谷县地方政府开展了益智集镇房建部分屋顶民族特色及外墙装饰规划。

由于糯扎渡水电站前期规划设计阶段未考虑集镇的民俗建设，同时移民安置实施阶段，相关移民法规政策及规程规范对集镇风貌打造体现少数民族特色提出要求。因此，经各方共同研究，由昆明院根据景谷县开展的规划设计，统筹分析，提出在益智集镇各单位已规划建筑面积的基础上综合测算民俗文化特色补助，重点帮助益智集镇打造具有民族特点的集镇风貌。经规划，益智集镇民俗文化补助费用为 576 万元，占益智集镇房屋补偿费用 4281 万元的 13%。糯扎渡水电站移民安置实施阶段对于集镇民俗文化特色补助是在同类型水利水电项目集镇迁建规划设计中进行的创新与尝试，特别在后期移民城集镇迁建规范的修订过程中，为民俗文化补助的处理方式及处理系数的确定提供了参考。

3.4.2.4 集镇文化卫生设施处理

糯扎渡水电站移民安置实施阶段，益智集镇相关行政及企事业单位按照搬迁规划顺利进行，但涉及的集镇学校、卫生和文化设施由于糯扎渡水电站调查至实施阶段时间历程太长，当地经济社会状况也已发生较大变化，相关单位按照实物指标补偿后迁建的难度很大，也不满足迁建的要求。经相关各方共同协商处理，并报云南省人民政府同意，在原审定淹没影响实物指标的基础上严格执行国家和云南省有关行政办公用房的规定。如益智乡中心学校现有学生规模为 1881 人（小学 1195 人、初级中学 522 人、幼儿园 164 人），建设征地影响房屋面积 8562m²，主要为砖混结构。根据《农村普通中小学校建设标准》（建标 109—2008）之规定，经测算，景谷县益智集镇中小学迁建总建筑面积宜为 19641m²，其中小学建筑面积 12092m²，中学建筑面积 7549m²，以此规模，全部按照框架结构标准计列相关迁建费用。益智乡幼儿园属于社会经营性项目，按照淹没影响面积计列迁建费用。

益智乡综合文化站建设征地影响房屋面积 165m²，主要为砖木结构。根据《云南省乡镇综合文化站建设管理办法（暂行）》第十条的规定，乡镇级综合文化站房屋建筑面积每站以 300m² 为宜。鉴于原淹没影响补偿复建费用小于管理办法要求所需费用，益智乡综合文化站应按照 300m² 砖混结构计列相关补偿补助费用。

益智乡计划生育服务中心建设征地影响房屋面积为 372.58m²，主要为砖木结构。根据《农村计划生育服务机构基础设施建设标准》第三章的规定，普通乡镇计划生育服务站一类建筑面积为 300～400m²，鉴于原淹没影响补偿复建费用小于建设标准要求所需费用，益智乡计划生育服务中心应按照 400m² 框架结构计列相关补助费用。

益智乡卫生院建设征地影响房屋面积 1206.96m²，主要为砖混和砖木结构。根据《乡镇卫生院建设标准》（建标〔2008〕142 号）的规定，卫生院床位规模为 1～20 张时，卫生院房屋建筑面积为 300～1100m²，乡镇卫生院床位规模宜根据每千服务人口设置 0.6～1.2 张床位计算。益智乡卫生院服务人口按 1.5 万人计，床位规模为 9～18 张，分析其房屋建筑规模为 680～1060m²。鉴于原淹没影响补偿复建费用小于建设标准要求所需费用，益智乡卫生院按照 1060m² 框架结构计列相关补助费用。

经规划，糯扎渡水电站景谷县益智乡集镇中小学迁建费用为 2946.15 万元，其中中学迁建费用为 1132.35 万元，小学迁建费用为 1813.8 万元。益智乡综合文化站房屋迁建补偿补助费用为 27.75 万元。益智乡计划生育服务中心房屋迁建补偿补助费用为 51.4 万元。益智乡卫生院房屋迁建补偿补助费用为 136.21 万元。相关补助费用已远远高于其淹没补偿费用，有利解决益智集镇学校、卫生和文化设施的改复建工作，提高了相关设施的复建规模，为当地群众和移民提供了更高质量的服务，增加了集镇群众搬迁后的社会稳定。

3.5　专业项目处理

糯扎渡水电站建设征地影响三级公路 49.43km、四级公路 11.8km、大中型桥梁 11 座，此外还有企事业单位、输变电设施、通信广播设施、水利水电工程和文物古迹等。

3.5.1　可行性研究阶段

糯扎渡水电站前期规划设计阶段，当时"96 水电工程移民规范"中对于专业项目复建规划设计要求较为简单，更多的是提出了处理原则：对于复建的，应按原规模、原标准或者恢复原功能的原则，提出经济合理的复建方案。复建所需投资列为水电工程补偿投资；扩大规模、提高标准需要增加的投资，由有关单位自行解决。不需要复建或难以复建的，经主管部门同意后，应根据淹没影响的具体情况，给予合理补偿。因此糯扎渡水电站专业项目处理在前期规划设计阶段主要通过分析专业项目的处理任务，根据改（复）建和补偿进行处理，对于改（复）建项目，主要通过规划复建规模，测算单价的方式进行处理。

糯扎渡水电站文物古迹的调查由云南省文物考古研究所完成，调查新发现了 22 处原始社会"芒怀类型新石器时代文化"的遗址、采集点及 2 处古代傣族小型城址和 1 处明代回族墓地，填补了这一区域地下古代文化的空白，为研究这一区域古代民族的分布、迁徙及其文化面貌等提供了珍贵的历史、民族及考古研究的资料，使云南文物考古界对这一区域的古代文化有了更进一步的了解和认识。云南省文物考古研究所鉴于这些古代遗（城）址、新石器采集点及墓地等古代遗存具有相当重要的历史及考古研究价值（特别是两座古代傣族小型城址系首次发现），提出必须在澜沧江糯扎渡水电站开工建设后至移民完成之前对除新石器时代采集点及文化层保存状况较差的橄榄林梁子遗址外的这些古代遗（城）址、墓地等古代遗存进行考古勘探或重点区域发掘的处理措施，特别是营盘山城址的勘探和发掘更应及早在新益智乡政府建设搬迁之前进行，从而既不影响澜沧江糯扎渡水电站的建设及移民搬迁，也抢救了这些具有相当重要历史及考古研究价值的古代遗存，并为这一区域的历史、考古研究提供新的珍贵资料，另外 8 处新石器时代采集点及文化层保存状况较差的橄榄林梁子遗址则作为资料存档无须发掘。

3.5.2 移民安置实施阶段

移民安置实施阶段,《水电工程移民专业项目规划设计规范》(DL/T 5379—2007) 明确了对于扩大规模、提高标准需要增加的投资,由有关地方人民政府或者有关单位自行解决,不列入水利水电工程补偿费用。糯扎渡水电站部分专业项目特别是交通、水利项目由于项目改(复)建的过程与地方经济社会发展密切相关,存在必要的扩大规模、提高标准的情况,因此糯扎渡水电站移民安置实施阶段,对资金拼盘、企业专项等方面进行了创新与实践。

3.5.2.1 国道 214 线、323 线

澜沧—双江公路是国道 214 线西宁—昌都—景洪公路在云南境内的重要路段,是景洪、孟连、澜沧等县(市)通往省内外的重要通道,是云南省公路运输的主要交通要道,还是通往东南亚的出口之一。国道 214 线澜沧—双江公路沿澜沧江支流小黑江行走,当电站水库蓄水至正常蓄水位 812.00m 时,该段公路将有 7km 被淹没,需提高路基线位改移复建。国道 323 线景临大桥段是瑞金—韶关—柳州—临沧公路在云南境内的重要路段,是临沧市通往省内外的重要通道。该段公路也是连通思茅至临沧两地区的主干道之一,对该地区的交通运输起着重要的作用。糯扎渡水电站建设后将直接淹没景临大桥及两岸公路,需进行抬高复建。

由于淹没影响的国道按照管理权限属于当时的云南省公路局进行管理,同时由于国道 323 线、214 线纳入云南省二级路建设规划,同意将水库淹没影响三级公路改建项目及投资补偿并入云南省公路局对该线路改建二级公路规划建设。在规划处理过程中,昆明院根据审定的糯扎渡水电站可行性研究报告改建方案和相应工程量,考虑近期公路工程政策、物价变化因素进行费用调整,投资并入二级道路建设投资内,同时要求公路部门在道路路线规划过程中,积极听取地方政府的意见、建议,充分考虑库区和移民安置区的对外交通连接。

3.5.2.2 思澜公路改线工程

思澜公路全长 173km,东连国道 213 线,西接国道 214 线,是普洱市政治、经济、文化中心思茅区通往澜沧、孟连、西盟等三县较为便捷的通道。思澜公路也是普洱市对缅甸进出口的重要通道。思澜公路于 1984 年 9 月经原国家计委授权原云南省计委批准开始修建,其技术标准为部颁山岭重丘区三级公路标准,于 1986 年 12 月建成通车,1999 年 7 月思澜公路路面建成沥青混凝土路面。

糯扎渡水电站的建设将淹没思澜公路 37.48km(其中思茅区境内 5.48km,澜沧县境内 32km),虎跳石大桥长 168m。

考虑到普洱市总体发展规划,结合地方经济社会发展需要,思澜公路改建等级从原三级路提高到二级路标准,根据"三原"原则,提高标准增加的投资由地方政府自行负责。经充分征求地方各级政府的意见,改建方案线路全长 63.33km。思澜公路于 2004 年 4 月开工,2006 年 12 月完工,确保在糯扎渡水电站下闸蓄水前恢复了思澜公路的原有功能,同时由于道路的提前完工,确保了周边糯扎渡水电站冬谷田、大沙坝、龙潭街场、柏木箐、盐店、咖啡地、海棠、热水塘等移民安置点移民正常的生产、生活出行需要;由于道

路等级的提高同时满足了糯扎渡水电站枢纽区施工及澜沧、西盟、孟连乃至东南亚至普洱市货运和客运的需要，有力地促进了地方经济的发展。

3.5.2.3 碧云大桥

碧云公路为景谷县碧安乡和思茅区云仙乡的交通要道，水库淹没以前在横跨小黑江时为过水路面，糯扎渡水电站下闸蓄水后，该区域将是一片宽阔的水域，制约了两县（区）交通往来，为此，需新建一座跨江大桥连接两地的交通。在此背景下，2009 年普洱市发展和改革委员会以《普洱市发展和改革委员会关于补充批复碧云大桥工程可行性研究报告的请示》（普发改工〔2009〕634 号）提出请示。云南省发展和改革委员会以《云南省发展和改革委员会关于普洱市碧云大桥工程补充可行性研究报告（修编）的批复》（云发改交运〔2009〕1901 号）进行了批复，同意碧云大桥云碧公路的控制性工程，是糯扎渡水电站移民安置规划报告中库周交通恢复建设增列项目，改（复）建后的碧云大桥采用主跨166m 的连续刚构桥方案，项目总投资 6600 万元，建设资金由糯扎渡电站补助 3000 万元，其余部分由普洱市自筹解决。

碧云大桥于 2009 年开工，2011 年 12 月完工，大桥的建成使景谷县碧安乡—思茅区云仙乡里程由原来的 255km 缩短近一半，为小黑江两岸的群众提供了有效、快捷的出行条件，同时项目的建设对改善该地区路网结构，提高整体路网水平、通行能力，开发旅游资源、矿产资源，方便群众出行，繁荣和发展地方经济，加快当地居民和群众脱贫致富都具有重要的意义。

3.5.2.4 码头渡口

澜沧江—湄公河作为亚洲唯一一条一江连六国的国际性河流，被誉为"东方多瑙河"，是东南亚地区最便捷的一条黄金水道，是云南省乃至我国西南地区连接东南亚国家的重要水运大通道。2001 年 6 月 26 日，在中国景洪举行了中老缅泰澜沧江—湄公河商船正式通航典礼。自此，中老缅泰四国于 2000 年 4 月 20 日签署的澜沧江—湄公河商船通航协定正式付诸实施。

糯扎渡水电站水库淹没影响虎跳石码头、腊撒码头、南得坝码头、大边堆码头，均为国家级港口——思茅港的配套码头。根据前期规划设计阶段，虎跳石码头位于虎跳石大桥附近。水库形成后为沟通糯扎渡大坝上、下游的经济交往和水上交通，计划于坝址附近兴建大型公路转运码头，因此虎跳石码头被淹没后不再进行恢复重建。腊撒码头淹没后，原地后靠至香竹林恢复重建。南德坝码头被淹没后，由于当地居民大部分外迁出库区，在当地恢复重建发挥不了其经济效益，故规划移至上游右岸小黑江与澜沧江交汇处（曼昭）恢复重建。

糯扎渡电站的建设，一方面因增加陆上过坝环节影响了沟通下游航运的连贯性和降低了运输效率；另一方面则将澜沧江可通航河段大大上延并增加了数个支流通航河段，航行条件也得到大幅改善。糯扎渡库区形成后，库内航运的实现给沿岸的普洱市思茅区、澜沧县、景谷县、宁洱县以及临沧市临翔区、双江县乃至其他邻近市、县的社会、经济、交通发展带来深远的影响。

经各方安排，由普洱市公路开发有限责任公司、临沧市临翔区交通局、临沧市双江县交通局共同委托云南省水运规划设计研究院开展了糯扎渡电站库区航运基础设施建设工程可行性研究工作。根据规划,整个项目建设含 10 个码头、99 个停靠点。码头停船吨级为 500t;航道建设等级为主体Ⅳ级、局部Ⅴ级,整个项目总投资约 3.4 亿元。相关项目报经云南省发展和改革委员会批复,由于规划设计中的桃子树、香竹林、帕赛码头分别作为大丙堆、腊撒和南德坝 3 个码头的淹没复建项目,淹没的 25 个简易渡口以停靠点方式进行复建,恢复原有功能,因此经各方协商,明确库区航运涉及的 3 个码头、25 个停靠点不再单独规划改(复)建,其规划改(复)建投资 7824 万元按照移民补助资金纳入整体航运拼盘资金。

3.5.2.5 企事业单位处理

糯扎渡水电站前期规划设计阶段,建设征地影响共有乡(镇)以上专业单位 29 个,其中小型加工企业 13 个,管护所 2 处,加油站 5 座,水电基地 1 座,小型水电站 3 处,水文站 5 处。根据建设征地影响企业情况,在征求相关部门意见的基础上,对专业单位进行处理规划,其中小型加工企业中 7 个咖啡加工场补偿后,由其自行就近后靠,恢复其生产;其余 6 个企业仅淹没影响其少量房屋及附属物,对淹没房屋及附属物进行补偿,自行恢复生产;5 个加油站对现有设施进行补偿,由其自行迁至新建思澜公路旁,择址恢复其经营;水电基地、3 座小型水电站和 5 座水文站按补偿处理。由于当时"96 水电工程移民规范"对于企事业单位的处理要求较为简单,因此当时的企事业单位的处理主要对影响的实物指标进行补偿处理。

由于《水电工程移民专业项目规划设计规范》(DL/T 5379—2007)的出台,对于企事业单位的处理上升到一个更高的要求,同时由于库区经济社会的发展,企业权属人对于企业处理方案也提出了新的要求。在移民安置实施阶段,实物指标分解细化过程中,地方政府和昆明院对糯扎渡电站建设征地影响企业进行了复核。对于小型企业单位只涉及普通房屋及附属物影响,按照糯扎渡水库淹没影响区统一补偿标准对淹没影响指标进行补偿处理。对于规模较大的企事业单位由昆明院委托相关资产评估公司进行评估,并按照《水电工程移民专业项目规划设计规范》(DL/T 5379—2007)企业处理原则,编制相关企业的处理规划。

对于小水电的处理,昆明院在规划设计中也进行了创新与实践。移民前期规划设计阶段对于糯扎渡水电站淹没影响的小型水电站根据装机按照单位装机补偿单价进行补偿处理,补偿标准为 5000 元/kW。移民安置实施阶段,昆明院按照"对淹没影响的地方骨干电站,如无复建条件时,应征求地方电力部门、电站权属单位的意见,可采取剩余寿命期内电量补偿或货币补偿。剩余寿命期内损失电量计算应根据电站的装机容量和长系列的水文资料或电站运行资料分析计算,采用电量补偿时应扣除发电直接成本"的规定,对水电站的补偿进行了分析,为综合分析澜沧县芒海电站与双江县邦丙电站补偿费用,确定水电站处理方案,根据电站运行资料分析计算了电站剩余寿命期内损失电量补偿费用。经测算,澜沧县芒海电站剩余寿命期内损失电量补偿费用共计 41.59 万元,双江县邦丙电站剩余寿命期内损失电量补偿费用共计 78.81 万元。而根据评估测算,澜沧县芒海电站与双江县邦丙电站货币补偿费用分别为 246 万元和 479 万元,其剩余寿命期内电量补偿费用远低于货币补偿费用。澜沧县芒海电站与双江县邦丙电站由于历史原因,均存在大量员工需要安置,按照剩余寿命期内损失电量补偿费用远远无法满足地方政府对员工的安置处理,为减轻对电站原有职工的安置压力，采用了评估补偿方案。为这两家单位平稳处理奠定了基础。

3.6　补偿费用概算

糯扎渡水电站前期规划设计阶段建设征地移民安置投资概算主要根据"96 水电工程移民规范"的规定，分为农村移民补偿费、集镇（街场）迁建补偿费、专业项目改（复）建补偿费、防护工程费、库底清理费、其他费用、预备费、建设期贷款利息、有关税费等 9 项。

根据糯扎渡水电站水库淹没实物指标调查成果及移民安置规划设计方案，按国家的有关法规、政策及 2003 年一季度物价水平，编制水库淹没处理投资概算。移民安置实施阶段，"07 水电工程移民规范"出台后，糯扎渡水电站根据"国务院令第 471 号"的相关要求，以 2007 年 6 月 30 日前，国家和云南省发布的与水电工程征地移民有关的新的政策规定为依据，按 2007 年二季度价格水平，已经实施的或者签订协议的项目按照实施价或者相关协议价计入，对建设征地移民安置补偿投资概算进行了相应调整。建设征地移民安置补偿项目划分为农村部分、集镇（街场）部分、专业项目、库底清理、环境保护和水土保持、临时占用耕地复垦费、独立费用和预备费等部分，未再计列建设期贷款利息。

3.6.1　可行性研究阶段

移民投资概算使用的实物指标为经地方政府认可的实物指标调查成果，移民安置补偿项目及工程量依据昆明院规划并经地方政府认可的规划成果，概算采用的价格水平为 2003 年二季度水平（即与枢纽建设工程概算编制的价格水平相一致），工程项目以"建筑安装工程 98 概算定额"并结合当地市场价综合确定补偿单价。2007 年，糯扎渡水电站项目核准阶段移民投资概算以审定的实物指标和移民安置规划为基础进行概算编制；以 2007 年 6 月 30 日前，国家和云南省发布的与水电工程征地移民有关的新的政策规定为依据；按 2007 年二季度价格水平，已经实施的或者签订协议的项目按照实施价或者相关协议价计入。糯扎渡水电站可行性研究阶段移民投资概算采用的方法及要求主要依据《水电工程设计概算编制办法及计算标准》（2002 年版，国家经贸委 2002 年第 78 号）。糯扎渡水电站项目核准阶段移民投资概算沿用了《水电工程设计概算编制办法及计算标准》（2002 年版）和《水电工程水库淹没处理规划设计规范》（DL/T 5064—1996）的计算方法及要求。

3.6.1.1　土地补偿单价

糯扎渡水电站耕地补偿费用根据《云南省土地管理条例》第二十三条征用土地的土地补偿费标准："菜地、水田按照该耕地被征用前 3 年平均年产值的 8～10 倍补偿"，"旱地按照 6～8 倍补偿"的规定，取用水田和菜地的土地补偿费倍数为 8 倍，旱地为 6 倍；按照第二十四条征用土地安置补助费标准："被征地单位人均耕地在 666.7m² 以上的，安置补助费总额为被征用耕地前 3 年平均年产值的 4 倍"，采用安置补助费倍数为 4 倍。耕地土地补偿费加安置补助费总补偿倍数水田、菜地为 12 倍，旱地为 10 倍。园地按《云南省土地管理条例》规定，土地补偿费"园地按照 7～9 倍补偿"和"安置补助费为该地年产值的 6 倍"，结合近期类似工程的标准，土地补偿费倍数取 7 倍，安置补偿倍数取 6 倍，则园地补偿费与安置补助费补偿倍数合计为 13 倍。

"国务院令第 471 号"和"07 水电工程移民规范"出台后，糯扎渡水电站耕地的土地补偿费倍数和安置补助费倍数按"国务院令第 471 号"中的有关规定计，即两项之和的 16 倍。园地的土地补偿费倍数和安置补助费倍数则按国土资源部、国家经贸委、水利部《关于水利水电工程建设用地有关问题的通知》（国土资发〔2001〕355 号）和《云南省土地管理条例》的有关规定计，即两项之和的 13 倍；园地的林木补偿费根据《云南省林地管理办法》（云南省人民政府 1997 年第 43 号令）的有关规定计，按年产值的 2 倍计，园地补偿费共计为年产值的 15 倍。相应的补偿倍数均有所提高。

3.6.1.2 房屋补偿单价

2004 年可研阶段根据库区移民居住的房屋现状，分结构类型，进行重置工料分析，并按照《云南省建筑安装工程预算定额（1998 年）》和 2003 年上半年价格水平，分析计算不同结构类型房屋单位面积重置价，其中代表性的砖混结构为 385 元/m^2。

"国务院令第 471 号"和"07 水电工程移民规范"出台后，规划设计单位根据 2007 年第二季度价格水平进行重新计算，对糯扎渡水电站建设征地涉及的房屋类型按照房屋的典型调查和典型施工图设计，确定其工程量，房屋补偿依据"云南省 2003 版建设工程造价计价依据"（2003 年 11 月 1 日施行）中的《云南省建筑工程消耗量定额》《云南省安装工程消耗量定额》进行分析，采用 2007 年二季度的普洱市、临沧市建筑材料的市场价格进行计算。根据《建筑抗震设计规范》（GB 50011—2001）中的规定，澜沧县抗震设防烈度不低于 9 度，双江县、云县、临翔区、思茅区抗震设防烈度为 8 度，景东县、景谷县、宁洱县、镇沅县抗震设防烈度为 7 度，因此，综合确定糯扎渡水电站涉及的普洱、临沧两市的抗震设防烈度为 8 度。考虑地震烈度对房屋造价的影响，框架结构按 9.5% 考虑，砖混结构按 5.5% 考虑，其他结构参照执行。对于农村住房补偿标准，考虑房屋装修，按 5% 计；杂房补偿不考虑装修，按住房标准的 70% 计。其中代表性的砖混结构为 510 元/m^2，相比 2004 年可研审定的标准提高了 33%。

3.6.1.3 零星树木补偿单价

糯扎渡水电站前期规划设计阶段零星果木树补偿标准较为简单，其中果树 35 元/株，经济树 20 元/株，用材树 10 元/株。风景树补偿按 500 元/株计。2007 年零星果木补偿单价按土地补偿采用每亩产值和每亩种植棵数进行了重新复核，参照《云南省林地管理办法》的有关规定，果园、经济园林林木补偿费按年产值 2 倍，用材林林木补偿费按中龄林和近熟林林木蓄积量价值的 80% 计，根据相关作物每亩种植株数、建设征地区调查的不同零星果木所占比例计算零星果木的补偿综合单价。经计算，果木补偿单价 37 元/株，经济树木补偿单价 22 元/株，用材树补偿单价 12 元/株，风景树补偿单价根据相关同类工程按 500 元/株计。总体零星树木的补偿单价有所提高。

3.6.1.4 独立费用

糯扎渡水电站 2004 年可研阶段独立费用按《水电工程设计概算编制办法及计算标

准》（2002版）的规定计列。独立费用中计列了建设管理费，按建设征地和移民安置补偿费的0.4%；实施管理费，按建设征地和移民安置补偿费的3%；技术培训费，按农村移民安置补偿费的0.5%；监理费，按建设征地和移民安置补偿费的1.5%；咨询服务费，按建设征地和移民安置补偿费的0.8%；技术评审费，按建设征地和移民安置补偿费的0.3%。

2007年项目核准时，糯扎渡水电站独立费用主要依据《水电工程设计概算编制办法及计算标准》（2002版）的相关要求计取，共包括7个部分，分别为建设工程管理费、建设征地和移民安置管理费、工程建设监理费、咨询服务费、项目技术经济评估审查费、勘测设计费和有关税费。建设工程管理费按0.5%取值，符合"07水电工程移民规范"建议取值0.5%～1%。

实施管理费按3.5%取值，符合"07水电工程移民规范"建议取值3%～4%。移民技术培训费按0.5%取值，符合"07水电工程移民规范"建议取值0.5%。

2007年项目核准移民安置监理费按1.5%取值，符合"07水电工程移民规范"建议取值1%～2%，但未考虑移民安置独立评估工作及费用，在实施过程中，项目业主根据工作的需求聘请了中介机构开展了相应的移民安置独立评估工作。咨询服务费按0.8%取值，符合"07水电工程移民规范"建议取值0.5%～1.2%。技术经济评估审查费按0.3%取值，符合"07水电工程移民规范"建议取值0.1%～0.5%。勘察设计费按2.5%取值，在"07水电工程移民规范"改为计列综合设计（综合设计代表）费。

3.6.2　移民安置实施阶段

由于糯扎渡水电站移民安置规划设计跨度周期长，期间相关政策变化较多，针对具体项目的补偿标准进行了分析调整。

3.6.2.1　土地补偿单价的补充

景谷县实物指标细化成果中补充了黄栀子、曼荆子园地项目，而前期规划设计阶段，园地补偿单价未包含此类园地的补偿单价。因此设计单位按照前期规划设计阶段确定的园地补偿标准，按照2015年第一季度的价格水平和产量测算了黄栀子、曼荆子园地补偿价格。

3.6.2.2　房屋补偿单价的调整

移民安置实施阶段，糯扎渡水电站移民实施搬迁，由于指标调查至实施搬迁已历时较长，建筑等相关材料上涨较快，前期规划设计阶段的房屋补偿标准无法满足广大移民群众的建房需求。设计单位及时根据2011年第一季度物价水平复核测算房屋补偿单价，其中砖混结构调整至751元/m²，相比前期规划设计阶段确定的单价提高47%。同时根据地方政府组织移民建房的需要，在补偿单价调整中增加了勘测费、设计费、监理费和质检费，及时保障了地方政府在组织移民房建工作中的质量安全。

3.6.2.3　困难户建房补助

糯扎渡水电站库区澜沧江两岸属于山高坡陡地区，移民原居住条件较差，主要以土木结构房屋为主，同时云南地区本身属于地震多发区域，移民搬迁新建房屋中对于改善住房的愿望较为强烈，但涉及补偿的拆迁房屋面积数量小，结构标准低，相应补偿费用难以支撑其房屋重建。因此在可行性研究阶段，搬迁移民新增困难户建房补助，其中困难户人口按照搬迁人口 10% 比例计列，补助标准为 1600 元/人，困难户建房补助共计 710 万元，平均下来为 160 元/人。由于困难户人口按照搬迁人口 10% 比例计列，比例偏低，按照库区农村家庭为 4.5 人/户，库区户均建房成本 18 万元，纳入困难户补助的家庭建房补助费用为 7200 元，占建房成本的 4%，补助比例不高，移民自身筹措建房资金压力大。同时困难户人口按照搬迁人口 10% 比例计列，无明确的对象，地方政府在实际操作中无指向性，操作的随意性较大，处理不好容易造成移民内部较大的矛盾。

根据 2008 年原省移民开发局发布的《关于我省大中型水利水电工程建设征地移民建房困难补助标准的通知》（云移领办〔2008〕19 号），新增困难户建房补助，其中困难户人口按照搬迁人口 15% 比例计列，补助标准为 2000 元/人，相应困难户补助覆盖范围和标准有所提高，但仍然无法满足糯扎渡水电站移民搬迁重建房屋的需要以及解决前期存在的重重矛盾。

2009 年发布的《关于印发关于切实做好小湾水电站移民安置工作的意见的通知》（云移局〔2009〕78 号），明确了"对原有房屋补偿费用不足以修建基本用房的移民户，计列建房补助费，使其可修建基本用房。移民基本用房面积为：人均砖混结构房屋 25m²。"这一政策率先在小湾水电站中进行试点，由于糯扎渡水电站移民搬迁在小湾水电站之后，处于同一流域，相应困难户补助政策也进行相应调整。因此在移民安置实施阶段，糯扎渡水电站提出搬迁移民困难户建房补助政策根据云南省移民主管部门文件进行调整，同时糯扎渡水电站移民安置方式也发生了较大的变化，移民安置方案也随之改变，移民安置规划搬迁人口减少到 23181 人，根据相关测算结果，困难户建房补助政策受益群体共计 20863 人，占整个搬迁移民人数的 90%，困难户补助覆盖范围较原政策大幅提高，困难户建房补助费用共计 22231 万元，直接受益群体人均 10655 元，按照整个搬迁人数计算人均 9590 元，农村困难户家庭户均建房补助 4.79 万元，占移民重建房屋成本的 27%，相较原政策也大幅提高。

由于糯扎渡水电站搬迁移民采取补助费按照 25m²/人的砖混结构住房补偿费与原计列住房补偿的差额计算，因此户均家庭建房已保证按照 25m²/人的砖混结构住房进行补偿，糯扎渡水电站砖混结构住房补偿单价为 805 元/m²，因此按照户均 4.5 人，相应的住房补偿费用已达 9 万元，同时考虑移民房屋补偿费中杂房部分户均 3 万元，因此房屋补偿款占移民提高标准后的房建成本的 67%，同时地方政府在移民房建过程中提供了 5 万元免息贷款，占移民房建成本的 27%，同时针对糯扎渡水电站搬迁移民主要为少数民族，地方政府在移民房建中从地方有限的财政资金中给予户均 1 万元不等的房屋民俗设施补贴，移民后期只需要投入少量的资金就可满足房屋重建要求。

库区淹没前搬迁移民房屋数量中 45% 为土木结构房屋，户均房屋补偿费用 4 万元，重建后的房屋基本以砖混结构房屋为主，并且不低于 25m²/人，相应房屋标准及基础设施较原库区淹没的标准大幅提高，移民的房屋居住环境得到极大的改善，同时搬迁移民建房的资金压力也得到极大的缓解。糯扎渡水电站移民安置实施阶段对困难户建房补助政策的实践，也为后期云南省人民政府出台统一的建房困难户补助政策提供了有力的案例支撑。

3.6.2.4　库底清理单价

为保证糯扎渡水电站水库运行安全，保护水库环境卫生，控制水传染疾病，防止水质污染，为水库防洪、发电、航运、供水、旅游等综合开发利用创造有利条件，在水库蓄水前应进行库底清理，因此水库库底清理是水库下闸蓄水前必须完成的重要工作内容。

可行性研究阶段糯扎渡水电站库底清理设计及概算处理较为简单，主要按照实物指标，以房屋面积计列建筑物清理单价，以搬迁户数计列卫生清理单价，以坟墓个数计列坟墓清理单价，以园林地面积计列园林地清理单价，以桥梁数量计列障航清理单价，以清理区域面积计列其他清理单价。

在"国务院令第 471 号"和《水电工程水库库底清理设计规范》（DL/T 5381—2007）出台后，设计单位结合糯扎渡电站实物指标分解细化成果和移民安置实际情况及时开展专项研究，编制完成《糯扎渡水电站水库库底清理技术要求》，根据规范要求，明确水库底清理范围，提出清理项目和技术要求，编制清理工程量、清理费用以及库底清理工作组织及进度计划，作为库底清理实施的依据。

由于《水电工程建设征地移民安置补偿费用概（估）算编制规范》（DL/T 5382—2007）对库底清理费用的编制无明确统一的计算方式及要求，设计单位根据糯扎渡水电站库底清理费用构成，将其分为卫生清理费、建（构）筑物拆除与清理费用、林木清理费、其他清理费、其他费用等。其中卫生清理中又包括一般污染源清理和生物类污染源清理，建（构）筑物拆除与清理则分为建筑物拆除与清理、漂浮物清理和构筑物拆除与清理，林木清理分为林木砍伐、防漂物销毁和危险作业意外伤害保险。昆明院根据相应项目的构成，通过典型设计，测算各项目单价，相应清理的项目和单价组成均比前期规划设计阶段更加完整合理，满足了地方政府实际工作的需要。

3.6.2.5　零星树木补偿单价

由于可行性研究阶段零星树木补偿标准主要用于测算零星树木补偿概算，对于具体树种没有进行详细区分，在移民安置实施阶段，地方政府具体实施难度较大。为此，经各方协商统一，由昆明院配合普洱、临沧两市根据具体树种差异对补偿单价标准进行了细分处理，同时为避免两市标准不统一而导致库区出现差异化补偿，两市人民政府在出台标准前进行了充分的沟通协调，统一了补偿标准。

3.6.2.6　企业单位补偿

糯扎渡水电站可行性研究阶段，对于企业补偿处理主要以房屋和附属物补偿为主，补偿单价按照农村房屋补偿标准执行。在移民安置实施阶段，补充增加了企业征地费和基础设施补偿费用，根据企业现有的占地面积，按照移民居民点的单位面积基础设施费用计算。企业的普通房屋、附属设施，按照重置的原则，根据相应的类别采用全库统一的补偿标准进行补偿，常规的拆迁补偿中一般采取评估含折旧的方式进行处理，糯扎渡水电站企业处理更符合规程规范的要求。

对于企业的专业主厂房、管道沟槽、场内道路、码头等构建筑物，采用评估重置价进行补偿。对于采用货币补偿的企业的设备，根据设备的成新率进行评估。对于采用货币补偿的企业的存货，扣除其变现价值后确定补偿费用；对报废或完全丧失使用价值的存货资产不进行补偿。对于企业的机械设备，分可搬迁设备和不可搬迁设备进行处理，对于不需安装的可搬迁设备，补偿其运杂费；对于需要安装的可搬迁设备，根据实际情况计算安装费用；对于不可搬迁设备，计算其补偿费用。对于车辆等运输工具，不进行补偿。由于搬迁过程会对迁建企业的生产经营活动造成一定影响，根据规程规范的要求，对迁建企业考虑停产损失。

糯扎渡水电站企业补偿处理更符合补偿处理的实际情况，也得到广大迁建补偿企业权益人的认可，也为地方政府顺利处理企业迁建工作提供了有力的支撑。

3.7　本章小结

糯扎渡水电站移民安置规划设计跨度时间长，涉及的行业项目多，在十多年的时间跨度内，相关移民乃至其他行业的法规政策、规程规范均发生了不同程度的变化。昆明院作为糯扎渡水电站移民安置规划的主设单位，自始至终参与糯扎渡水电站移民安置规划工作。同时昆明院作为云南省移民政策制定和行业移民规范编制的主要参与单位，充分利用自身的技术优势，在确保糯扎渡水电站的移民安置规划设计符合国家及云南省移民法规政策和规程规范的同时，在具体规划设计问题上，出谋划策，集思广益，为政府、项目业主和相关利益方决策提供了重要的科学依据。

糯扎渡水电站建设征地范围广，昆明院科学论证研究征地范围，合理处理水库与枢纽区、与景洪水电站套接部分，科学有效地开展库区地质复核工作。实事求是、尊重历史、科学合理、客观公正地开展糯扎渡水电站实物指标调查及复核细化等工作，按照国家及云南省的规定完善了实物指标公示和确认，确保相关工作依法依规，科学合理处理实物指标调查工作存在的相关问题，并为后续移民安置工作的顺利开展奠定了基础。

在农村移民安置规划中充分尊重移民意愿，广泛听取当地人民政府的意见，科学规范地开展农村移民安置规划设计工作。在安置方式上创新性地提出了具有糯扎渡水电站特色的逐年补偿安置方式，分析研究确定了逐年补偿标准，增加了安置方式的选择余地，减轻了移民安置的工作压力，确保了工程按时推进。科学合理规划居民安置点，创新性地提出了安置点村委会、农村集贸市场、民风民俗设施以及防雷设施等规划。在安置点设计变更分析中根据实施现状提出已实施未利用地、建设用地分摊等创新处理思路。引领性地规划了糯扎渡水电站库周非搬迁村组基础设施改善项目，相关规划成果在改善库区非搬迁移民村组基础设施，提高移民群众生活环境，助推地方脱贫攻坚方面发挥了重要的作用。

科学合理规划益智集镇建设，移民安置实施阶段通过规划调整益智集镇房屋单价，增加行政事业单位房屋装修补助、给排水强弱电补助、经营性损失补助以及集镇民俗文化特色补助，减轻了益智集镇相关企事业单位及个体工商经营户搬迁建房的难度，确保了益智集镇迁建的顺利进行。

在糯扎渡水电站专业项目规划设计中，执行规程规范的同时，充分结合地方政府的经济社会发展需要，在制定合适的改（复）建标准、资金拼盘处理、保障权益人利益和保护文物古迹等方面进行了充分的考虑，科学合理地开展规划设计，确保了糯扎渡水电站专业项目处理的顺利实施。

糯扎渡水电站建设征地移民安置规划设计是水电站工程设计的一个重要组成部分。由于糯扎渡水电站建设征地移民安置规划设计的周期和跨度长，相关的移民法规政策和行业要求在不断深化变迁中，昆明院在众多移民规划工作者的辛苦工作下，在地方政府和项目业主的配合支持下，通过科学合理并适当超前的规划理念的支撑，创新性提出了众多规划设计思路，做好了移民安置规划设计各项工作，在满足工程建设进度的同时，也帮助地方政府做好了移民安置相关工作。

第 4 章

移民安置管理

糯扎渡水电站移民安置实施期主要集中在 2004—2016 年，国家实行的移民管理体制是"政府领导、分级负责、县为基础、项目法人参与"。为做好糯扎渡水电站移民安置实施工作，地方政府高度重视，逐步建立健全管理机构，制定了相关的管理办法，建立了相应的管理制度。项目业主澜沧江公司成立移民主管部门并安排移民专责全面参与负责移民安置工作，同时综合设计、综合监理、独立评估等技术服务单位履行相关职责，有效地推动了糯扎渡水电站建设征地移民安置工作。

在糯扎渡水电站移民安置实施过程中所采用的协调会议制度、项目核准制度、专业项目归口管理制度等有效保障了移民安置的实施。地方政府出台的贴息贷款、产业扶持等政策有力地促进了移民安置工作。这些制度和政策是实施单位管理过程中的经验总结，对同流域其他水电站的实施管理有很好的借鉴作用。

4.1　工作组织

糯扎渡水电站移民安置时间跨度正是项目业主澜沧江公司和省级移民主管部门逐步成立和完善的重要节点。糯扎渡水电站安置移民近 5 万人，移民安置费用 200 多亿元，并且电站征地处理涉及水利、电力、交通、文物等部门，需多部门协调合作。糯扎渡水电站的规划设计促使项目业主澜沧江公司成立单独的移民管理部门，专门负责建设征地移民安置工作。作为省级移民主管部门，原省移民开发局逐步从国土资源厅分离，成为独立的部门，并且专设处室负责澜沧江流域电站建设征地移民工作。可以说糯扎渡等巨型水电站建设征地移民安置工作对云南省各级移民主管部门的成立具有很大的推动作用。

糯扎渡水电站建设征地移民安置工作主要涉及省移民管理机构、项目业主澜沧江公司、实施单位普洱市移民管理机构、临沧市移民管理机构以及涉及县（区）移民管理机构、综合设计单位等，实施阶段又增加了综合监理、独立评估等单位。糯扎渡水电站移民工作管理机构详见图 4.1-1。

糯扎渡水电站移民安置实施经历了从"政府负责、投资包干、业主参与、综合监理"管理体制到"政府领导、分级负责、县为基础、项目法人参与"管理体制的转变。为了做好糯扎渡水电站移民安置实施工作，云南省逐步完善移民管理机构，机构设置主要包括省搬迁安置办公室、市搬迁安置办公室、县（区）搬迁安置办公室。项目出资单位澜沧江公司也逐步建立健全移民管理部门，全面参与移民安置相关管理工作。

2006 年 7 月，国务院颁布的"国务院令第 471 号"，明确了移民工作管理体制，强化了移民安置规划的法律地位，规范了移民安置的程序和方式，完善了移民后期扶持制度，加强了移民工作的监督管理。"国务院令第 471 号"规定，已经成立项目法人的大中型水利水电工程，由项目法人编制移民安置规划大纲，按照审批权限报省、自治区、直辖市人民政府或者国务院移民管理机构审批，由项目法人根据经批准的移民安置规划大纲编制移民安置规划。移民区和移民安置区县级以上地方人民政府负责移民安置规划的组织实施。

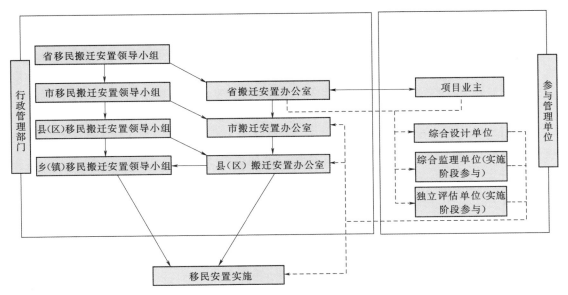

图 4.1-1　糯扎渡水电站移民工作管理机构图

糯扎渡水电站建设征地移民安置工作主要从 1995 年 12 月昆明院提出《糯扎渡水电站工程预可行性研究报告》起至 2007 年昆明院编制完成《云南省澜沧江糯扎渡水电站建设征地及移民安置规划报告》，时间跨度 10 余年。2007 年《云南省澜沧江糯扎渡水电站建设征地及移民安置规划报告》获得云南省人民政府批复。糯扎渡水电站逐步进入实施期，实施阶段移民区和移民安置区县级以上地方人民政府负责移民安置规划的组织实施。

糯扎渡水电站移民安置工作实行"政府领导、分级负责、县为基础、项目法人参与"的管理体制。根据图 4.1-1，涉及的单位主要包括各级行政管理部门和参与实施管理部门。糯扎渡水电站建设征地移民安置各级行政管理部门主要包括省搬迁安置办公室和普洱市、临沧市搬迁安置办公室以及涉及县（区）搬迁安置办公室；参与实施管理单位主要包括项目业主澜沧江公司以及综合设计、综合监理、独立评估等单位。在糯扎渡水电站移民安置实施过程中，这些部门设置较为完善，有效地推动了糯扎渡水电站建设征地移民安置工作的开展。

省搬迁安置办公室代表云南省人民政府，根据《云南省人民政府关于贯彻落实国务院大中型水利水电工程建设征地补偿和移民安置条例的实施意见》（云政发〔2008〕24 号）要求负责指导、协调、检查、监督移民安置规划工作；负责对移民安置规划大纲和移民安置规划报告的审查和审核。

前期工作中糯扎渡水电站建设征地移民安置主要涉及省搬迁安置办公室，澜沧江公司，综合设计单位，普洱、临沧市搬迁安置办公室以及涉及县（区）搬迁安置办公室。

各参与单位职责及分工具体如下。

1. 行政管理部门

在 2003 年省移民开发局正式成立之前，云南省没有专门制定省级的大中型水利水电工程建设移民安置管理办法，2003年省移民开发局成立之后，为做好云南省水利水电工程建设移民安置工作，确保工程建设的顺利进行，维护移民的合法权益，依据相关水利水电工程建设移民安置法律、法规和政策，结合云南省实际，先后制定了云南省大中型水利水电工程建设移民安置系列管理办法。2005年5月，《云南省大中型水利水电工程建设移民安置管理办法》（云政发〔2005〕81号）颁布实施，该办法适用于国家和云南省审批的大中型水利水电工程建设移民安置工作。

糯扎渡水电站移民安置涉及的行政管理部门主要包括省移民管理机构、两市移民管理机构、9个县（区）移民管理机构，如图4.1-2所示。

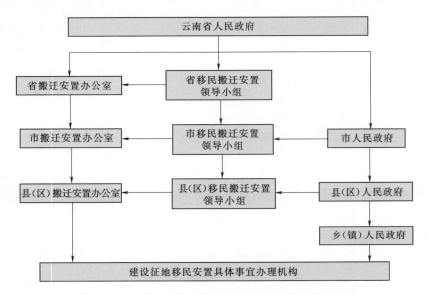

图4.1-2　糯扎渡水电站行政管理部门管理结构图

省移民管理机构是全省移民工作的业务主管部门，也是省移民搬迁安置领导小组的日常办事机构，为省移民工作的责任单位。为做好糯扎渡水电站水库移民安置工作，糯扎渡水电站水库淹没涉及的市、县（区）均成立了由政府分管领导为组长的移民搬迁安置领导小组，负责移民工作的领导和协调；同时成立移民管理机构，负责本行政范围内的移民搬迁安置项目的具体实施工作。根据分工，省搬迁安置办公室一处负责澜沧江流域糯扎渡水电站建设征地移民安置日常管理工作。

两市移民管理机构是两市移民安置工作实施的责任单位，配合与协助省移民管理机构指导、督促县移民安置工作的实施及资金的合理使用。实施中组织施工图设计审查，与水务局、环保局共同组织水保环保设计审查，组织项目初验，接收来自省搬迁安置办和项目业主的下拨资金并对资金进行管理，层层按移民安置资金使用计划下拨至各县（区）搬迁安置办。

县（区）人民政府是移民安置实施主体，县（区）移民管理机构是移民安置工作的具体组织与管理部门，组织开展移民安置工作，上报年度移民资金使用计划，申请移民资金，组织自验和项目移交。

2. 澜沧江公司

澜沧江公司职能部门中设立了征地移民办公室具体负责糯扎渡水电站建设征地移民安置相关事宜。

前期阶段建设征地移民安置工作主要由项目业主澜沧江公司牵头组织，委托设计单位开展糯扎渡水电站预可行性研究和可行性研究阶段建设征地移民安置规划设计工作。负责会同有关方研究规划设计中的重大问题；协调设计单位与地方政府之间的关系；会同有关方组织开展实物指标调查，对实物指标调查成果签字确认；会同有关方组织开展移民安置规划大纲和移民安置规划报告编制、负责相关设计文件报审。

实施阶段建设征地移民安置工作主要由项目业主澜沧江公司牵头组织，包括和省搬迁安置办共同委托开展综合设计、综合监理、独立评估等工作，参与移民安置实施相关制度制定，解决实施中遇到的重大问题；筹措移民资金，提出移民安置进度需求；办理建设征地的相关手续，参与移民工作的检查验收，与地方政府维护社会稳定等。

项目业主设有专门的移民管理机构，在实施期，项目业主积极参与管理工作，积极协调处理移民安置工作中的重大问题，积极办理征地手续，组织咨询审查工作，在参与项目阶段性验收方面做了大量积极有效的工作，对推进移民安置工作起到了积极的作用。华能澜沧江水电股份有限公司糯扎渡水电站管理结构如图4.1-3所示。

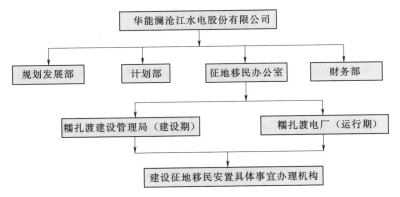

图4.1-3　华能澜沧江水电股份有限公司糯扎渡水电站管理结构图

3. 中国电建集团昆明勘测设计研究院有限公司（移民综合设计）

（1）前期阶段。糯扎渡水电站建设征地移民安置规划设计工作由昆明院负责，昆明院成立项目设总班子，各分院由项目设（副设）总具体负责相关技术管理，各分院根据工作安排具体承担相关勘测设计任务，移民工程规划设计院三所负责糯扎渡水电站建设征地移民安置规划设计工作，行使规划设计的工作职责。

（2）实施阶段。昆明院受澜沧江公司和原省移民开发局的共同委托，承担糯扎渡水电站建设征地移民安置综合设计工作。随后昆明院成立糯扎渡水电站建设征地移民安置综合设计代表处，具体由移民工程规划设计院负责综合设代合同的履行和综合设代业务的实施。综合设代人员配置现场工作人员以水库专业为主，其他相关专业人员为支撑，根据工作需要实时调配。移民综合设计由移民工程规划设计院负责归口管理。

根据国家和云南省有关法规、政策和技术规范的要求，结合糯扎渡水电站建设征地区移民安置的实际情况，综合设代主要工作内容有：设计技术交底、设计变更处理、后续设计接口管理、配合实施计划编制、设计报告技术审查、协调沟通、项目验收、档案管理、综合设代报告编制、工作总结等。

4. 中国水利水电建设工程咨询昆明公司（移民综合监理）

在实施阶段，中国水利水电建设工程咨询昆明公司受原省移民开发局和澜沧江公司的委托承担糯扎渡水电站移民综合监理工作，糯扎渡移民监理部全权代表中水咨询昆明公司负责开展糯扎渡水电站移民综合监理工作。

糯扎渡水电站移民综合监理是在工程所涉及的施工区、水库淹没区（含库岸失稳区）、移民安置区内对移民搬迁安置和用于移民安置的村庄建设，生产开发，交通、水利、电力、供水等工程，集镇、街场迁建，专业项目改（复）建，库底清理，移民安置环境保护工程建设等项目进行移民综合监理（不包括具体项目的工程监理）。

糯扎渡水电站移民综合监理的任务是在综合监理范围内对移民安置实施工作的形象进度、总体质量以及移民资金的使用进行综合监督与控制，参与协调有关各方的关系，为地方政府和移民机构在实施移民搬迁安置过程中遇到的问题提出综合监理意见；协助地方政府协调、处理移民安置过程中出现的问题；对单项工程监理的工作进行业务指导和监督。

在移民安置综合监理合同签订后，中水咨询昆明公司派出有关专业人员，组成糯扎渡水电站移民综合监理部，负责监理合同的履行，其代表为总监理工程师。根据糯扎渡水电站水库移民综合监理工作的特点，本着有利于监理职能履行，统一指挥、分工协作、责权一致的原则，采用了直线型监理组织机构模式。监理部是为糯扎渡水电站水库移民综合监理工作专门设置的现场监理机构，在公司的领导和管理下，具体负责监理合同的履行和监理业务的实施。监理部下设专家咨询组、思茅监理分部、临沧监理分部、各监理组。为了保证监理合同的有效实施，为委托人提供高水平、高质量的监理服务，在糯扎渡水电站水库移民综合监理工作中实行"以项目管理为中心、以业务管理为基础、以质量管理为核心的项目管理制度"。

5. 中国电建集团华东勘测设计研究院有限公司（移民独立评估）

实施阶段原省移民开发局和澜沧江公司共同委托华东院负责开展糯扎渡水电站移民安置独立评估工作。

华东院成立澜沧江糯扎渡水电站移民安置独立评估项目部，全权代表华东院负责开展糯扎渡水电站移民安置独立评估工作。项目部由项目经理、项目总工、项目顾问、项目副经理、作业组长和其他辅助人员组成。项目经理和副经理由评估单位征求委托方意见后聘任，其变更需征得委托方的同意，并通知有关部门和被评估单位；其余评估人员由项目部根据各年度评估工作需要，按组织机构设置的一般程序聘任。为确保该项目独立评估工作质量，充分发挥华东院总体技术优势，项目部特聘了一批在各自专业领域有突出成就的专家成立技术顾问组，包括移民学、社会学、经济学、档案管理等多个专业。

独立评估的主要职责是负责组织独立评估工作的实施；负责建立和管理移民安置独立评估样本资料；提供移民安置独立评估报告和独立评估工作总结报告；向有关方提出改进的意见和建议；参加移民专项阶段性验收和竣工验收。

4.2　工作机制

为使糯扎渡水电站水库移民安置工作按照国家批准的设计成果顺利实施，需要一个组织严密、功能齐全、政治和业务素质高的实施机构，在地方政府、项目业主、监理和设计单位及有关部门通力协作下，方能完成这一浩繁的系统工程。

糯扎渡水电站移民安置管理机制主要是为了推进糯扎渡移民安置实施工作，参与单位之间相互衔接、交流等工作而建立的工作秩序和制度。糯扎渡水电站实施过程中的主要管理机制包括澜沧江流域移民工作专题会议制度、澜沧江流域移民工作视频会议制度、糯扎渡水电站建设征地移民安置协调会议制度、糯扎渡水电站资金管理制度、糯扎渡水电站项目核准制度、糯扎渡水电站移民安置考核制度等。

4.2.1　协调会议制度

省级移民主管部门和项目业主精心组织、通力协作，采取制定专题会议制度等将参与部门紧密联系在一起，共同推动移民安置实施工作。

1. 澜沧江流域移民工作专题会议制度

糯扎渡水电站移民安置工作成立了移民工作协调领导小组，协调小组由原省移民开发局牵头，项目业主、设计单位、综合监理单位组成，现场召开协调会议，解决处理移民安置工作实施过程中存在的困难问题，先后解决了移民房屋补偿单价调整、实物指标的缺项漏项、防洪度汛经费、规划项目的缺项漏项等问题。移民工作协调领导小组由原省移民开发局领导牵头，市领导、项目业主领导、设计单位领导组成，解决现场协调组解决不了的问题，先后解决了糯扎渡水电站下闸蓄水移民安置方案调整等重大事项，并得到省政府的批准。云南省移民工作协调领导小组先后4次召开了澜沧江流域移民工作专题会议，及时解决了移民特殊措施、移民工作奖励经费、后期扶持资金等重大事项，确保了移民安置工作的顺利推进。

2. 澜沧江流域移民工作视频会议制度

为协调水电站建设中的共性问题，由项目业主牵头，实施单位、设计单位、监理评估单位参与，召开视频会议，移民工作视频会议主会场设在昆明，各电站在电厂设有分会场，解决处理移民安置工作实施过程中存在的困难问题，确保了移民安置工作的顺利推进。

3. 糯扎渡水电站建设征地移民安置协调会议制度

糯扎渡水电站枢纽工程建设区和围堰截流区移民安置工作已分别在2005年、2008年以前实施完成，水库淹没影响区的移民安置工作在2010年8月地方政府明确移民安置方案后才分期分批地开展，而水库计划在2011年11月下闸蓄水，时间紧、任务重、压力大，情况较为复杂，存在问题较多，为及时解决实施过程中存在的问题，尽快推动移民安置工作，经各方协商，达成一致意见，成立糯扎渡水电站移民安置工作协调组，由省移民主管部门、澜沧江公司、普洱和临沧两市人民政府及移民主管部门、综合设代单位、综合监理单位等组成，组长由省移民主管部门派人担任。协调组在移民安置实施高峰时期计划每月召开一次，一般时期按照每季度召开一次，会议及时解决了有关问题，并以会议纪要的形式进行了明确，该制度高效、及时地解决了问题，推进了移民安置工作。

4.2.2　考核奖惩制度

1. 糯扎渡水电站移民安置考核制度有效提高了设计咨询单位工作积极性

为更好地推动移民安置实施，提高设计咨询单位工作积极性，原省移民开发局制定了《云南省大型水电工程移民安置独立评估工作绩效考核办法》《云南省大型水电工程移民安置综合设计工作绩效考核办法》《云南省大型水电工程移民安置综合监理工作绩效考核办法》，对糯扎渡水电站涉及的设计咨询单位定期进行考核，有效提高了工作效率。

2. 建立和完善奖惩机制，积极推动移民安置工作

针对糯扎渡水电站建设征地移民安置时间紧、任务重、工作难度大的实际情况，为充分调动各方积极性，做好糯扎渡水电站移民安置相关工作，建立和完善糯扎渡水电站建设征地移民安置工作奖励制度。由原省移民开发局制定相应的奖励办法报经省政府批准后实施。

糯扎渡水电站移民安置考核制度的实施有效提高了设计咨询单位工作积极性，建立和完善奖惩机制，积极推动移民安置工作，为糯扎渡水电站提前两年下闸蓄水创造了条件。

4.2.3　资金管理制度

1. 资金管理体制建设

云南省人民政府及省移民主管部门负责对糯扎渡水电站移民安置工作进行监督，发现问题及时采取有效措施予以纠正。对有移民安置任务的当地人民政府及其有关部门的负责人实行任期经济责任审计。

糯扎渡水电站移民资金按照"政府负责、项目管理、专户储存、审计监督"的管理体制进行管理，涉及的各级移民主管部门建立健全了资金使用及财务管理制度。严格按照批准的移民安置年度计划和工程进度拨款，保证移民资金及时足额到位，并根据会计制度和相关要求，按时上报财务报表和项目资金使用报表。

2. 确保移民资金落到实处

普洱和临沧两市每年 10 月前根据下年度工作计划制定年度资金使用计划，提交综合设计、综合监理单位审核后提交省移民主管部门审批，审批后作为下年度资金使用的依据。

两市坚持计划的指导性，严格执行计划，做到计划与规划相统一，计划与实际相衔接，计划与进度相协调。遇实际情况发生重大变化，需调整计划的，要分析原因，提出对策及调整的意见，于下年度 6 月 30 日前汇总上报，经省搬迁安置办公室审批后执行，确保计划的严肃性。两市坚持信息报送制度，按规定按时上报移民资金完成情况统计报表。严格资金拨付程序，按规定按时上报资金拨付申请，做到报件齐备。

普洱市和临沧市在收到下达的资金计划后，对下年度四个季度的用款计划进行认真研究、科学分析，每季度资金申请需得到综合监理单位审核，省移民主管部门结合综合监理单位意见进行审批拨付。

糯扎渡水电站年度资金使用计划的制定与实施，可以通过对资金的管控进一步了解实施工作进度，同时为项目业主筹集资金提供了依据。

4.2.4　项目核准制度

糯扎渡水电站移民安置实行项目核准制度，保证移民项目按照规划设计成果实施。

根据国家和云南省对投资项目实行核准制的有关要求以及《云南省人民政府关于贯彻落实国务院大中型水利水电工程建设征地补偿和移民安置条例的实施意见》（云政发〔2008〕24号）中明确"移民安置工程施工图设计实行限额设计。由项目责任单位委托有资质的设计单位设计，由上一级移民主管部门组织专项审查核准后方可拨款开工"，《云南省大中型水利水电工程移民安置实施项目核准办法》进一步规范了项目核准的管理，在初步设计通过审查的基础上，采取"项目核准制"，经管理部门核准后由责任主体组织实施，坚持"资金跟着项目走，项目跟着计划走，计划跟着规划走"的原则。

澜沧江流域中糯扎渡水电站普洱市建设征地移民安置工作率先实行了项目核准制，其主要的程序为实施责任主体根据审查批复的建设征地移民安置规划设计成果向移民综合监理、移民综合设代提出申请资金的项目及请求出具核准意见的要求，移民综合设代和综合监理出具意见后，州（市）和省移民主管部门按照管理权限根据综合监理、综合设代意见对相应项目进行核准，条件具备后下拨资金，实施责任主体根据核准意见开展补偿兑付、移民工程施工图勘察设计、项目招投标及实施工作。

在项目核准过程中糯扎渡水电站移民综合监理资金管理工作主要监督移民专项工程费用的拨付和使用情况。年度内综合监理以省搬迁安置办糯扎渡水电站资金使用计划为依据，审核、监督移民资金拨付和使用。移民专项工程费用以审定的单项工程施工图设计报告为依据，按招标费用进行拨付，提前动工的项目暂按审定的初步设计概算的80%拨付。

实行该项制度后对项目的资金、质量、实施效果控制等方面发挥了较大作用，妥善解决了投资大包干下带来的弊端，规范了移民安置工作建设程序，维护了有关各方的权益和社会稳定。

糯扎渡水电站建设征地移民安置实行项目核准制在大中型水利水电项目建设移民安置实施管理中也具有创新性和探索性。

4.2.5　分期分批设计实施

昆明院通过认真分析糯扎渡水电站不同阶段工程计划要求、建设特点，结合移民安置任务开展分期移民安置规划设计。糯扎渡水电站分期蓄水移民安置规划设计也使得移民安置任务分期、分阶段实施，减轻了地方实施压力，有序均衡推进移民安置工作，使实施效果较好，而分期蓄水移民安置工作的实施，使水电站工程建设按照计划顺利推进，为提前截流、蓄水发电创造了条件，产生了较大的社会效益和经济效益。

为了满足移民安置时间节点要求，糯扎渡水电站参建单位根据相关的法规政策和规程规范及糯扎渡水电站涉及的相关县（区）于2010年10月明确的移民安置方案，按照"成熟一个，设计一个，审查一个，实施一个"的工作理念，于2011—2013年分三批陆续完成了各安置点的初步设计工作，并通过了省搬迁安置办组织的咨询审查。实施单位根据设计成果开展具体实施工作，满足了移民搬迁总体进度要求。

4.2.6 项目管理模式

在糯扎渡水电站移民安置实施过程中实施单位发挥主观能动性制定相应的移民安置办法和措施，群策群力推动移民安置工作。糯扎渡水电站移民安置行政管理部门主要包括省、市、县（区）三级移民主管部门，糯扎渡水电站实施期间电站涉及市、县（区）移民机构逐步完善，其中普洱市结合糯扎渡水电站实际情况制定了一系列政策和制度，有效推动了辖区移民搬迁安置工作；另外实施中的"移民安置资金整合措施""生产配套措施""新型移民房屋建设及支付方式""挂包措施"等是糯扎渡水电站移民安置过程中的创新和亮点。

1. 制定针对糯扎渡水电站移民安置的相应政策和办法

针对糯扎渡水电站移民工作任务重、压力大、时间紧的情况，普洱市在《云南省移民开发局关于贯彻执行〈云南省澜沧江糯扎渡水电站多渠道多形式移民安置指导意见〉的通知》（云移澜〔2009〕11 号）的基础上，制定出台《普洱市糯扎渡水电站库区移民安置补偿指导意见》，明确了大农业安置和逐年补偿安置前提下多种方式安置移民的具体办法和标准。同时，出台《普洱市糯扎渡水电站建设征地移民产业发展扶持办法》和《普洱市糯扎渡水电站移民安置农房重建贴息贷款管理办法》两项配套政策。

两项配套政策的实施，解决了移民建房资金困难，同时为搬迁移民尽快恢复生产提供了有效保障，为实现糯扎渡水电站提前两年发电发挥了积极的推动作用。

2. 新型移民建房模式

糯扎渡水电站移民搬迁安置时间紧、任务重，为完成移民安置搬迁任务，移民建房质量和速度成为实施单位面临的难题，根据调查了解，糯扎渡水电站涉及县（区）基本采取了自建和统建相结合的方式，保证了建房进度。

在糯扎渡水电站移民搬迁安置过程中，对于自行搬迁安置、规模较小的安置点多为自建房，由县（区）移民管理机构或建设局结合新农村建设情况，为移民建房提供三套建房施工图，由移民自己选择施工图，自己和施工方签订施工合同，由县（区）移民管理机构或建设局委派工程监理单位，对房屋建设施工的质量、进度等进行监督。移民建房资金由移民自行支付。自建房的优势在于在建房过程中资金、进度由个人把控，相对于统建房更加灵活，更能满足于搬迁安置移民的心理需求；劣势在于质量保证难度大，进度不统一，不利于管理，施工环境差。

对于安置规模较大、区位优势明显，尤其是靠近县城、集镇的安置点多采取统建房，统建房的优势在于建房由主管部门统一规划、统一实施、统一进度、资金统一拨付，相较于自建房更能保证房屋建设进度和质量。

3. 委托代建和责任包干制度

在糯扎渡水电站移民安置实施过程中，普洱市委、市政府高度重视糯扎渡水电站移民安置工作，组织市财政、国土、林业、交通、水务、住建、公安、监察等部门主要领导为成员的市移民工作领导小组，统筹安排部署推进移民搬迁安置工作。

实行"领导包片、部门包点、个人包户、责任到人"的责任机制，移民安置工作涉及多个部门，为充分发挥部门优势，普洱市思茅区、镇沅县等县（区）采取"委托代建制"，由移民部门委托相关职能部门建设管理，建设单位按照国家工程建设的有关规定严格执行项目法人责任制、招投标制、工程合同制、质量监督制度和工程监理制度，提高移民资金使用效益，确保工程质量和移民工程项目顺利实施。

4. 移民安置资金整合措施

糯扎渡水电站移民工程项目在规划设计通过审查后，地方政府提出了结合自身发展需要，将移民资金整合到地方建设项目中，以求发挥资金的最大效益。主要包括以下措施。

码头及停靠点：糯扎渡水电站水库淹没普洱市码头 3 个、停靠点 11 个，普洱市又委托云南省水运规划设计研究院编制了《糯扎渡水电站库区航运基础设施建设工程初步设计》，该规划将整个库区进行了系统、全面的航运布局。《糯扎渡水电站移民安置工作协调组会议纪要》（原省移民开发局会议纪要，2012 年第 2 期）明确："关于库区航运涉及的 3 个码头、11 个停靠点，同意按照省发展改革委审定方案。由市、县尽快启动工程建设"。将码头和停靠点的建设资金整合到普洱市对糯扎渡水电站库区的航运规划中一并考虑。

村外供水工程项目：糯扎渡水电站涉及的部分移民安置点是紧靠集镇进行的安置，结合其自身规模、标准，规划了其村外供水工程项目，该项目通过了原省移民开发局的审查批复，地方利用该项目的资金整合到整个集镇供水工程的建设实施中，比较典型的就是澜沧县竜浪、大山路、农场安置点均位于上允集镇边上，其村外供水工程就不单独实施，与地方建设立项的上允集镇供水工程整合实施替代其功能。

等级公路复建工程：糯扎渡水电站枢纽区建设征地涉及思茅到澜沧三级公路，水库淹没影响涉及三级公路国道 214 线和国道 323 线，这三条道路均按照三原原则进行改复建，编制了相应的概算，在实际实施过程中，权属部门提出糯扎渡水电站改复建的已列入全省的二级公路建设规划中，将三级公路改复建资金整合到二级公路建设规划中，经各方协调，同意了该处理方案。

5. 拉动整合多方资金助推脱贫攻坚

在规划投资方面，以糯扎渡水电站库周非搬迁移民村组基础设施建设投资为点，全面拉动各方对库区脱贫攻坚投资，形成"以点带面"的效应。糯扎渡水电站库周非搬迁移民村组基础设施建设规划总投资 59727.17 万元，专项的库周非搬迁移民村组基础设施建设资金 14119.5 万元，拉动后期扶持资金 4405.98 万元、移民交通项目结余资金 3647.28 万元、其他公路和扶贫等项目资金 25014.27 万元、市政府补助及争取资金 12540.14 万元。

6. 实施过程中的"挂包措施"

加强移民管理机构建设，市级成立了市政府移民工作领导机构及其办公室，单独设立市移民管理机构（正处级），两市大部分县（区）都成立了正科级移民管理机构，移民安置任务较重的乡镇还成立了移民办。

各县（区）人民政府切实承担起移民工作的责任主体、工作主体和实施主体的重任，成立水电移民工作领导小组、现场指挥部及专项工作组，在人员配置、行政资源调配等方面对移民工作给予倾斜和支持，驻扎移民工作一线推进工作。特别是针对糯扎渡水电站移民工作，采取"领导包片、部门包点、个人包户、责任到人"的非常规方式，抽调机关干部驻村入户开展工作。任务较重的县（区）主要领导亲自挂帅，靠前指挥，协调解决工作中出现的问题；分管领导扎根一线，现场指挥督办，以重点、难点工作的突破推动面上工作的落实。全市上下形成了党委、政府高度重视，各级齐抓共管，部门密切配合的工作格局，为移民工作的推进提供了坚强的组织保障。

7. 坚持问题导向、第一时间化解矛盾

在糯扎渡水电站移民安置实施过程中各级移民实施管理部门以问题导向为基本原则，在沟通协调、及时进行信息反馈的基础上，集中精力快速处理实施工作中存在的困难及问题，按照"一线"工作法的工作要求，深入库区和移民安置区，对移民和基层移民部门提出的困难及问题及时研究，召开现场协调组会议研究解决，对解决不了的问题及时向局领导汇报，建议召开移民工作协调领导小组会议解决。多年来，坚持把矛盾化解在基层一线或萌芽阶段，积极做好问题矛盾的化解工作。

4.2.7 咨询审查制度

根据糯扎渡水电站移民安置规划设计，概算成果计列了项目技术经济评估审查费，项目可研阶段相关咨询审查多由项目业主委托水电水利规划设计总院进行审查；实施过程中初步设计阶段相关咨询评审多由省搬迁安置办委托咨询单位进行咨询，行业主管部门批复；施工图阶段相关咨询评审多由县移民主管部门委托咨询单位进行咨询，行业主管部门批复；部分专业性较强的文物、环境保护和水土保持单项工程由市级行业主管部门和市移民主管部门联合组织审查。设计变更由项目业主委托水电水利规划设计总院进行审查。

1. 可行性研究报告阶段审查

糯扎渡水电站可行性研究报告阶段的移民安置规划报告以及建设征地移民安置项目核准报告由项目业主委托水电水利规划设计总院进行审查。2007 年，《云南澜沧江糯扎渡水电站移民安置规划大纲》和《云南省澜沧江糯扎渡水电站建设征地及移民安置规划报告》通过了水电水利规划设计总院与原省移民开发局的联合审查，同年云南省人民政府进行了批复。

2. 实施阶段移民安置专题报告审查

糯扎渡水电站移民安置相关项目的咨询评审由原省移民开发局委托云南省移民开发技术服务中心组织审查，主要涉及居民点基础设施、集镇迁建、专业项目等重要项目，部分项目原省移民开发局根据审查意见进行了批复，作为地方政府实施移民工程的依据。部分项目根据《糯扎渡水电站移民安置工作协调组会议纪要》（原省移民开发局会议纪要，2010 年 12 月第 18 期），糯扎渡水电站核准前移民安置项目的初步设计成果，由省移民开发局组织咨询并出具专家咨询意见，设计单位按照咨询意见修改完善后的设计成果，可作为地方政府开展工作的依据，省移民开发局不再针对每次咨询意见进行批复。

3. 水土保持和环境保护项目审查

按照糯扎渡水电站移民安置协调组会议要求，水土保持和环境保护的审查权限由市级行业主管部门和市移民主管部门联合组织审查，审查后地方直接按照审查情况开展下一步工作。根据管理权限临沧市和普洱市分别负责所属县（区）水土保持和环境保护的审查工作。

4. 工程项目施工图审查

施工图阶段相关咨询评审多由县移民主管部门委托咨询单位进行咨询，行业主管部门批复。

5. 设计变更审查

移民工程项目在建设过程中由于移民意愿等方面的原因，出现了较多的设计变更项目，为规范移民安置工作，完善有关程序，普洱、临沧两市搬迁安置办委托昆明院开展糯扎渡水电站水库淹没影响区移民工程变更补充勘察设计，2016年基本完成设计变更工作。由于设计变更涉及范围较大，该变更报告的审查由项目业主委托水电水利规划设计总院进行审查。

糯扎渡水电站咨询审查既科学严谨又灵活机动，为糯扎渡水电站建设征地移民安置工作的开展起到了积极有效的作用。

4.2.8　综合设计、综合监理、独立评估制度

1. 综合设计

昆明院为糯扎渡水电站建设征地区移民安置综合设代承担单位，具体工作由院组建设代机构，具体技术业务由移民工程规划设计院负责。综合设代人员配置现场工作人员以移民专业为主，其他相关专业人员为支撑；移民专业人员相对固定，其他专业人员根据工作需要实时调配。

为了保证综合设代合同的有效实施，为委托方提供高水平、高质量的综合设代服务，参照相关工程项目管理的成功经验，在糯扎渡水电站建设征地区移民安置综合设代工作中实行"以项目管理为中心、以业务管理为基础、以质量管理为核心的项目管理制度"。

糯扎渡水电站移民安置规划设计跨度时间长，在十多年的时间跨度内，相关移民乃至其他行业的政策法规、规程规范均发生了不同程度的变化。综合设计单位一直作为糯扎渡水电站移民安置规划的主设单位，确保了相关规划设计的一致性和连贯性。综合设计在实物指标细化、生产安置方式调整、设计变更处理等方面为政府、项目业主和相关利益方决策提供了重要的科学依据。

糯扎渡水电站移民安置规划设计跨度时间长，涉及的行业项目多，设计部门充分利用技术的前瞻性在具体规划设计问题上，出谋划策，集思广益，为政府、项目业主和相关利益方决策提供了重要的科学依据。各级部门实事求是开展实物调查、细化工作，尊重历史，科学合理、客观公正地对糯扎渡水电站实物指标工作存在的相关问题进行处理，按照国家及云南省的相关规定要求进行了实物指标公示和确认，确保相关工作依法依规，并为后期移民生产搬迁安置工作的开展奠定了基础。

2. 综合监理

中水咨询昆明公司受原省移民开发局和澜沧江公司的委托承担糯扎渡水电站移民综合监理工作，糯扎渡移民监理部全权代表中水咨询昆明公司负责开展糯扎渡水电站移民综合监理工作。移民综合监理工作实行总监理工程师负责制。综合监理在实施中有以下工作创新：

（1）开展综合监理时间早。糯扎渡水电站移民综合监理单位于2004年受省搬迁安置

办和澜沧江公司的委托开展相关工作，是澜沧江流域水电开发最早开展综合监理的大型电站之一，综合监理工作的开展，有效地推动了建设征地移民安置工作的开展。

（2）较早提出编制综合监理大纲、细则。糯扎渡水电站开展综合监理时，《水电工程建设征地移民安置综合监理规范》（NB/T 35038—2014）尚未发布，综合监理单位根据《国家计委关于印发水电工程建设征地移民工作暂行管理办法的通知》（计基础〔2002〕2623 号）、《水电工程水库移民综合监理规定》（电综〔1998〕251 号）、《水电工程水库淹没处理规划设计规范》（DL/T 5064—1996）及相关行业规程规范编制的综合监理大纲、细则内容全面，其中：综合监理工作范围和任务、综合监理工作内容、综合监理工作程序和方法、综合监理的主要措施、综合监理的主要方法等内容很好地契合了现行规范的相关内容和要求，主要成果在《水电工程建设征地移民安置综合监理规范》（NB/T 35038—2014）中得到应用和采纳。

（3）专题报告及库区巡查制度。糯扎渡水电站开展综合监理结合糯扎渡水电站建设征地和移民安置的实际情况，移民综合监理部定期将移民安置现场实施的进展情况、移民村庄建设和基础设施建设质量情况、资金拨付情况以及已经处理或需要处理的问题等，编制综合监理专题报告送各相关部门。综合监理单位根据库区巡查情况编制了《澜沧县糯扎渡镇海棠安置点边坡坍塌事故调查分析专题报告》《糯扎渡水电站库区移民临时措施项目调查核实报告》《糯扎渡水电站三期移民验收遗留问题处理及 2013 年防洪度汛检查工作报告》等专题报告。

（4）提出项目管理制度及激励机制。为了保证监理合同的有效实施，为委托人提供高水平、高质量的监理服务，糯扎渡水电站水库移民综合监理早在 2004 年就执行"以项目管理为中心、以业务管理为基础、以质量管理为核心的项目管理制度"。糯扎渡水电站项目管理制度及激励机制将优质服务、业主反馈、激励机制有机结合在一起，保证移民综合监理工作的顺利实施。

（5）综合监理注重过程控制，对设计变更进行了有效把控。综合监理的主要负责人都有从事过澜沧江流域大型水电站移民安置规划设计的经验，熟知规划设计、变更处理的工作流程。因此，综合监理可以全面介入设计、实施的全过程。对于设计变更项目综合监理单位参与了方案论证、讨论并及时出具综合监理意见，同时对实施单位资金管理实施监控，既保证了项目实施进度又确保了资金使用安全。对设计变更项目的处理有一定的助推作用。

3. 独立评估

独立评估工作的主要任务是对移民安置实施效果进行评价，为移民安置验收提供依据，为移民安置实施提出意见和建议。糯扎渡水电站独立评估工作的介入对各移民安置县（区）实施组织机构正常运转、移民合法权益的保护起到了促进作用。

糯扎渡水电站移民安置工作时间跨度较大，各县（区）移民安置实施组织机构人员均发生较大调整，部分移民干部移民工作经验不足，缺少系统的培训；糯扎渡水电站移民安置主要工作已从移民搬迁安置转移到后期扶持、档案管理、设计变更处理等工作。因此，独立评估提出加强对移民干部的业务技能培训，是适应新阶段移民工作的需要。

在独立评估调查过程中发现，移民土地资源虽已配置，但部分配置的土地资源存在田间道路和沟渠等不完善的问题，导致生产资源效益不能得到充分发挥。建议相关县（区），采取相关措施，尽快完善相应的农田水利等基础设施配套，为移民创造良好的生产条件，进一步提升移民生产水平。根据评估调查，糯扎渡水电站库区各县（区）所涉及的库周非搬迁移民村组基础设施改善项目正在稳步推进。各县（区）整合多方项目资金，对非搬迁就地恢复生产安置移民村组基础设施和公共服务设施建设进行了规划，部分县（区）已完成库周非搬迁移民村组基础设施及公共设施建设项目实施方案制定。为进一步提高淹地影响库周居民整体生产生活水平，建议各县（区）结合库区实际，加快推进相关改造工程，切实改善淹地影响库周居民基础设施条件。

4.3　本章小结

（1）糯扎渡水电站移民安置管理组织机构设置完善、各方职责明确是推动糯扎渡水电站移民安置实施管理的组织保证。

糯扎渡水电站移民安置工作按照"国务院令第 471 号"的相关规定，明确了参与工作各方的职责及分工，在工作中各参与单位认真履行职责，有效地推动了糯扎渡水电站建设征地移民安置工作。

实施中省级移民主管部门和项目业主利用行政管理和合同管理等手段将参与单位紧密联系在一起，通过流域协调会议、视频会议、专题协调会议等方式，群策群力加强了参与部门的沟通和协调，有效地将参与单位有机结合在一起，推动了建设征地移民安置工作。

澜沧江流域移民工作专题会议制度、澜沧江流域移民工作视频会议制度、糯扎渡水电站建设征地移民安置协调会议制度、年度资金计划审批制度、移民安置考核制度等在糯扎渡水电站移民安置实施期间发挥了较大的作用，有效提高了工作效率，这些制度的制定和实施是云南省大中型水电站移民安置实施管理推行规范化、制度化管理的典范。

（2）糯扎渡水电站移民安置实施管理政府重视、管理措施方法到位是顺利推进移民工作的保障。

糯扎渡水电站移民安置实施期间相继成立了市、县级专门的移民管理机构，提高了移民安置工作效率，移民机构根据移民工作特点采取适合的实施方式，另外普洱市根据实际情况制定相关政策指导移民安置工作，其中"挂包措施""委托代建""移民产业发展及无息贷款政策"在澜沧江流域尚属首次。实施期间提出的生产配套完善措施和移民安置资金整合措施大大提高了移民资金使用效率，推动了库区经济发展、库区脱贫致富。

在糯扎渡水电站枢纽工程建设征地区实施过程中，澜沧县、思茅区政府组织行业对口部门、移民主管部门、乡镇等组成的移民工程建设指挥部，在现场设置办公场所，及时协调解决实施中存在的问题，同时部分专业项目、安置点专业项目归口管理，在移民安置高峰期充分发挥了行业优势，加快了移民安置进度。糯扎渡水电站实行的专业项目归口管理为澜沧江上游各个梯级电站建设提供了借鉴。

（3）项目业主澜沧江公司秉承"项目业主切实履行社会责任，促进流域周边和谐发展"的理念，随着社会进步和经济发展，在电站建设过程中，切实履行社会责任，促进流域周边和谐发展。

糯扎渡水电站建设对建设征地涉及区域公路、电力、水利设施发展有了很大的推动作用。同时安置点基础设施建设拉动整合多方资金助推脱贫攻坚，在规划投资方面，以糯扎渡水电站库周非搬迁移民村组基础设施建设投资为点，全面拉动各方对库区脱贫攻坚投资，形成"以点带面"的效应。

（4）设计、监理、评估单位认真履行职责是推动糯扎渡水电站建设征地移民安置工作的技术支撑。

糯扎渡水电站设计单位在规划设计中起到了较好的龙头、引领作用和参谋作用，及时高效地提出设计成果。为顺利推进移民安置工作起到了技术支撑作用。

糯扎渡水电站设计提出的生产安置方式研究成果的应用，降低了糯扎渡水电站移民安置难度；分期开展移民安置规划设计满足了电站提前下闸蓄水的需要；库周非搬迁移民村组基础设施改善规划、困难户建房补助规划提升了库区移民形象面貌，助力了国家脱贫攻坚；安置项目变更设计处理确保了库区建设项目合规合法，对糯扎渡水电站移民安置实施起到了积极作用。

糯扎渡水电站是澜沧江流域水电开发最早开展综合监理的大型电站之一，有效地推动了建设征地移民安置工作。为同流域其他水电站推行综合监理起到了积极作用。综合监理实行项目核准制，作为普洱市搬迁安置办公室下拨移民资金的依据，保证移民项目按照规划设计成果实施，实施中普洱市各县（区）资金管理较为规范，综合监理项目核准制起到了较大的积极作用。

糯扎渡水电站移民安置独立评估工作的介入对各移民安置县（区）实施组织机构正常运转、移民合法权益的保护起到了一定的促进作用。同时独立评估提出的加强移民干部培训、进一步完善移民农业生产设施、进一步加快改善库周基础设施条件等建议在后续工作中均得到了涉及单位的积极响应，目前上述建议基本落实，根据调查评估，糯扎渡水电站淹地影响扩迁移民劳动力就业均比较充分，居住条件、基础设施和社会服务设施配套等逐步改善；移民生产生活水平逐步恢复，收入水平较搬迁前有明显增长，并达到同期社会水平。

（5）咨询审查既科学严谨又灵活机动，为糯扎渡水电站建设征地移民安置工作的开展把关护航。

糯扎渡水电站建设征地移民安置可研阶段相关咨询审查多由项目业主委托水电水利规划设计总院进行审查；实施中的咨询评审由原省移民开发局委托云南省移民开发技术服务中心组织咨询，主要涉及居民点基础设施、集镇迁建、专业项目等，部分项目原省移民开发局根据审查意见进行了批复，作为地方政府实施移民工程的依据。水电水利规划设计总院审查结合原省移民开发局的咨询批复，充分体现了糯扎渡水电站移民安置咨询审查的实际情况，既科学严谨又便于地方实施操作，为电站提前两年蓄水发电提供了技术支撑。

糯扎渡水电站建设征地移民安置实施中形成了一套行之有效的管理机制，实施中参与单位相互配合，各尽其职，有效地推动了建设征地移民安置工作，取得了良好的效果。

第 5 章

专题研究

在糯扎渡水电站移民安置推进过程中，由于主体工程提前两年蓄水发电、普洱市和临沧市人民政府在原审定大农业安置基础上提出多渠道多形式方式安置移民的要求等多方面原因，昆明院相应开展了阶段性蓄水移民安置实施方案、移民安置方式、逐年补偿标准、进度计划调整和库周非搬迁基础设施改善等专题研究工作。

根据糯扎渡水电站主体工程提前两年蓄水发电和移民安置时间紧、任务重、工作难度大的实际，昆明院创新性地开展了阶段性蓄水移民安置实施方案研究，为主体工程围堰截流和下闸蓄水提供了技术支撑，保障了工程建设的顺利推进，同时其研究成果和工程实践在《水电工程阶段性蓄水移民安置实施方案专题报告编制规程》中得到了借鉴和应用。针对移民安置实际和地方政府要求，糯扎渡水电站提出了逐年补偿多渠道多形式移民安置方式，并提出了参照当地城镇居民最低生活保障水平作为逐年补偿标准。同时，通过分析论证当时的移民安置实施进度，并提出针对性的进度计划调整内容和保障措施，使得糯扎渡水电站移民安置任务分期、分阶段地按照计划有针对性、有节奏地稳步推进，为糯扎渡水电站提前产生效益创造了条件。此外，针对非搬迁移民提出对村组基础设施进行改善的诉求，昆明院专题研究了库周非搬迁移民村组的基础设施改善条件和改善标准，推动了库周移民村组的经济社会稳步发展，营造了和谐稳定的库区环境。

5.1 阶段性蓄水移民安置实施方案研究

为便于澜沧江公司和地方政府各个时段有针对性地开展移民安置工作，并有利于减轻移民安置工作压力，缓和库区社会矛盾，确保主体工程阶段性目标的实现，昆明院开展了阶段性蓄水移民安置实施方案的研究工作。

5.1.1 研究背景

根据可研阶段规划设计成果，糯扎渡水电站建设征地移民安置工作涉及生产安置人口46867人、搬迁安置人口43602人，采用大农业外迁集中安置方式。可研报告审定以来，随着国家法律法规、规程规范和云南省一系列政策规定的出台，糯扎渡水电站建设征地实物指标、移民安置方式和移民安置方案也发生了较大变化。2008—2009年相关各方开展了大量的政策研究和方案讨论工作，2010年糯扎渡水电站建设征地实物指标和移民安置方案才基本明确，糯扎渡水电站移民安置工作面临时间紧、任务重、工作难度大的困难。

根据《水电工程验收管理办法》（国能新能〔2011〕263号）规定，水电工程围堰截流和下闸蓄水前应通过移民安置专项验收，验收项目主要涉及移民搬迁安置实施情况、专业项目改（复）情况、水库库底清理情况等。从糯扎渡水电站当时的实际情况来看，虽然移民安置方案经过优化，搬迁安置人口已优化调整到1.4万人，但要在短短的一年半时间内完成移民安置和大量专业项目的规划设计与改（复）建工作，对设计单位与地方政府来说都是艰巨的任务。若在下闸蓄水前一次性按期完成下闸蓄水要求的所有安置任务并满足验收要求，必然导致移民安置工作质量低下，库区社会矛盾激化，并将可能产生社会不稳定问题。但如果不能按时完成下闸任务，对已投入大量人力、物力与财力的项目业主及云南省的经济发展势必造成不利影响。因此，为避免一次性开展规划设计及完成移民安置工作耗时长、难度大的情况，并满足糯扎渡水电站围堰截流和下闸蓄水专项验收的需要，有必要对建设征地移民安置工作按蓄水计划进行分期、分阶段组织实施。

5.1.2　研究内容和成果

5.1.2.1　围堰截流阶段移民安置实施方案研究

1. 围堰截流移民安置特点

糯扎渡水电站截流后，围堰截流区将淹没耕园地、林地、人口、房屋等对象，围堰截流水位与糯扎渡水电站建成蓄水后的水位相比，存在截流水位不高、大部分为临时淹没、永久淹没对象占比较少等特点。如果将涉及移民安置区整体启动实施，则其水、电、路等基础设施需要按最终规模一次性实施，工作周期长，建设进度难以满足截流需要。

同时，糯扎渡水电站围堰截流与下闸蓄水之间时间间隔长达4年之久，长时间将移民安置基础设施建设资金投入后闲置，会造成资金浪费，增加项目业主负担。若基础设施分期实施，可能满足不了已搬迁移民正常的生产生活，需要采取过渡措施，同时也可能产生不稳定的隐患。

2. 移民安置实施方案和对策措施

现行规程规范对淹没处理设计中的围堰截流设计标准、处理方式未作具体规定，围堰截流建设征地处理一般采取常规的处理方式。为适应工程建设需要，保证工程建设进度，在合法合规的前提下实现围堰截流，昆明院针对不同的处理对象研究提出了不同的对策措施。

（1）移民搬迁。围堰截流的居民搬迁范围采用规范规定的水库淹没处理设计洪水标准（10～20年）分析确定。

经分析研究，糯扎渡水电站围堰截流阶段移民搬迁安置对象按照枯期和汛期设计标准分别控制移民搬迁进度的思路进行研究和搬迁安置，即在围堰截流前，居住在枯期洪水位以下的居民搬出围堰截流区；在第一个汛期来临前，居住在围堰截流淹没区范围内的居民全部搬出。使得居住在枯期洪水位与围堰截流淹没区范围内的移民赢得了6个月的搬迁缓冲时间，使得地方政府集中开展各阶段的移民安置工作，减轻了移民安置工作难度和工作压力。

该搬迁安置处理方式在规程规范中尚无相关规定，但仍符合规程规范规定的水库淹没处理设计原则，也不违背国家防洪标准的规定。

（2）专业项目处理。按照相关规定，对位于糯扎渡水电站围堰截流区的专业项目应提前改（复）建，以恢复其原有功能，不能恢复的专业项目需采取过渡措施。但是，改（复）建的专业项目需在水库淹没范围线以上，对公路、桥梁等专业项目进行改（复）建后，有可能对库区未搬迁移民的生产生活产生影响。

为此，对于糯扎渡水电站常水位以上、围堰截流淹没处理范围线以下的专业项目，在采取一定安全措施的情况下，应尽量保留，在受到临时洪水淹没时，在经济合理的情况下予以修复。对于沿江临时淹没的公路、桥梁等基础设施，在采取防范措施后继续使用，以满足未搬迁移民的对外交通需求。

（3）安全措施。针对糯扎渡水电站围堰截流区临时淹没范围的搬迁居民、土地、专业项目等，充分利用工程项目本身和澜沧江流域内的水情测报系统、地方防汛体系等，制定相应的安全措施，以确保移民生命财产安全和正常生活。

5.1.2.2 下闸蓄水阶段移民安置实施方案研究

根据相关规程规范，当前水电工程下闸蓄水前需通过移民安置专项验收，大部分水电工程均采取一次性专项验收的方式。在认真分析糯扎渡水电站下闸蓄水程序后发现，糯扎渡水电站下闸蓄水至首台机组发电期间，水库蓄水时间将近 7 个月。同时，从 11 月澜沧江上游来水进入枯期后，至次年汛期来临还有 5～6 个月的时间，水库蓄水可区分为 3 个较为明显的时间节点和控制性水位。

因此，下闸蓄水阶段移民安置实施方案研究主要基于糯扎渡水电站下闸蓄水的 3 个时间节点和控制性水位，分析提出了糯扎渡水电站分期蓄水处理范围、分期移民安置任务和分期移民安置费用，使得移民安置任务按轻重缓急分期、分阶段组织实施，移民安置完成后分三期组织下闸蓄水验收。

1. 分期蓄水处理范围

相对来说，阶段性分期蓄水处理范围属于动态变化过程。因此，在设计标准上需严格执行规程规范要求，处理范围从操作上可简化（按回水末端的整数高程处理），但范围不能低于规范明确的设计回水成果。根据糯扎渡水电站水库调节性能，结合库区主要经济对象的性质和特点，各阶段水库淹没范围设计选用在 20 年泥沙淤积水平下，不同淹没对象的设计洪水标准分别为：耕园地采用 5 年一遇频率洪水（$P=20\%$），集镇和居民点采用 20 年一遇频率洪水（$P=5\%$），林地、牧草地按正常蓄水位考虑，其他项目按相关行业设计洪水标准确定。

根据糯扎渡水电站导流洞下闸封堵和水库初期蓄水情况，2011 年 11 月上旬开始首批导流洞下闸；在 2012 年 4 月水库水位控制在 732.23m；至 2012 年 7 月水库蓄水至首台机组发电水位 765.00m。按不同淹没对象设计洪水标准，分别计算相应洪水回水，计算水库区下闸蓄水后两个时段的 20 年一遇洪水回水成果。其中，2011 年 11 月开始下闸蓄水至 2012 年 4 月蓄水这个时段，计算回水时坝前水位按设计水位 732.23m 考虑，从 2012 年 4 月封堵 5 号导流洞开始至 2012 年 6 月 20 日这个时段，计算回水时坝前水位按死水位 765.00m 考虑。

糯扎渡水电站 5 年一遇、20 年一遇洪水回水在同一蓄水时段的起算水位均一致，而各个频率的回水末端高程与起算水位高程相差 8～15m，同时考虑到蓄水引起的滑坡、坍岸和浸没等影响，为了保证人民群众的生命财产安全，考虑以 20 年一遇洪水回水末端高程作为分期实施控制高程。为便于操作，在回水高程末端基础上增加到整数高程，将糯扎渡水电站库区建设征地移民安置（包括农村移民安置、专业项目复建、集镇迁建和库底清理等）按表 5.1-1 分三期实施。

2. 分期移民安置任务

在分期蓄水处理范围确定后，将建设征地区内搬迁移民按照村庄最低高程界定分期顺序，并按照分期顺序开展勘察设计与搬迁安置工作；专业项目按照高程分布、功能重要

表 5.1-1　　　　　　　糯扎渡水电站移民安置分期蓄水处理范围

序号	分　期	时间节点	高程范围
1	第一期	2011 年 11 月以前	745.00m 以下
2	第二期	2012 年 4 月以前	745.00～790.00m
3	第三期	2012 年 7 月以前	790.00m 至淹没处理范围线

性、工程特性及工程施工周期等因素综合考虑界定分期顺序；库底清理也按照高程分布确定其分期顺序。

经分期规划设计，第一期移民安置任务涉及搬迁移民 5622 人，库底清理 130km²；第二期移民安置任务涉及搬迁移民 3134 人，库底清理 87km²；第三期移民安置任务涉及搬迁移民 5687 人，库底清理 59km²，各阶段移民安置任务详见表 5.1-2。

表 5.1-2　　　　　　　糯扎渡水电站分期移民安置任务

序号	分　期	搬迁人口/人	库底清理/km²
1	第一期	5622	130
2	第二期	3134	87
3	第三期	5687	59

昆明院按照各阶段涉及移民安置任务的实施方案及影响程度，在不影响整个库区各专业项目功能的情况下进行了分期勘察设计工作，勘察设计成果经审查后提交地方政府，地方政府分阶段组织开展了移民搬迁安置工作。既减轻了设计单位的勘察设计压力，又减轻了地方政府的移民搬迁安置工作难度和工作压力。

3. 分期移民安置费用

根据各阶段的移民安置任务、移民安置方案、规划设计成果和分期移民安置计划，分析确定三期建设征地移民安置所需费用分别为 144738.18 万元、65370.15 万元和 43820.34 万元，三期移民安置费用比例为 3.3∶1.5∶1，移民安置资金可分期、分阶段、有针对性、有节奏地投入，缓解了澜沧江公司的移民安置资金压力。

5.1.3　成果应用和实践效果

糯扎渡水电站围堰截流和下闸蓄水阶段性移民安置实施方案研究成果，为主体工程围堰截流和下闸蓄水提供了技术支撑，为地方政府有序地、有重点地、有针对性地推进移民安置工作提供了技术依据，均衡了各阶段移民搬迁安置难度，保障了主体工程阶段性目标的实现。

普洱市和临沧市根据围堰截流阶段和下闸蓄水阶段的分期移民安置任务，集中开展各阶段的移民安置工作，减轻了移民安置工作难度和工作压力；澜沧江公司根据分期移民安置费用分期筹集移民安置资金，缓解了移民安置资金筹措压力；同时，阶段性蓄水移民安置实施方案专题研究成果还成功应用到了糯扎渡水电站围堰截流和下闸蓄水分期移民安置验收工作中，糯扎渡水电站围堰截流移民安置工作分两期、下闸蓄水移民安置工作分三期通过了省搬迁安置办组织的专项验收。

同时，糯扎渡水电站分期移民安置工作为糯扎渡水电站提前两年下闸蓄水和发电创造了条件，产生了较大的社会和经济效益。实施效果主要有以下四方面：①为澜沧江公司有效地解决了围堰截流阶段土地报审报批问题，有利于澜沧江公司顺利办理完成土地使用手续；②减轻了地方政府在移民安置实施期间的压力，逐步分期安排移民安置任务规避了潜在的社会稳定风险；③在水电工程建设进入高峰期背景下，阶段性下闸蓄水移民安置实施方案的专题研究有利于稳步推进移民安置工作，确保主体工程提前蓄水发电、提前产生效益；④糯扎渡水电站阶段性分期蓄水的专题研究还为国家能源局于 2018 年 12 月发布的《水电工程阶段性蓄水移民安置实施方案专题报告编制规程》提供了有力的素材。

5.2　移民安置方式研究

5.2.1　研究背景

自云南省委、省政府把水电开发作为云南省支柱产业建设以来，云南省境内大中型水电工程建设迅猛发展，移民安置工作对水能资源开发发挥了极其重要的作用，确保了大中型水电工程的顺利建设。但是，由于云南省绝大部分水电站库区和移民安置区出现了"人地矛盾突出、人均耕地资源少、耕地后备资源缺乏、移民安置环境容量不足"等问题，较难实现"以农业生产安置为主"的安置方式。

针对这一实际情况，在严格执行国家移民安置和后期扶持政策的前提下，云南省积极探索实践，经云南省人民政府同意，云南省人民政府办公厅于 2007 年 7 月先后印发了《关于印发向家坝水电站云南库区农业移民安置实施意见的通知》（云政办发〔2007〕157号，以下简称"157 号文件"）和《关于印发云南金沙江中游水电开发移民安置补偿补助意见的通知》（云政办发〔2007〕159 号，以下简称"159 号文件"），开始在金沙江中下游的各水电项目中实施和推行移民逐年补偿安置方式。糯扎渡水电站移民安置规模巨大，库周农业安置移民的环境容量不足，需要大量外迁，而移民动员外迁和安置区调整土地的难度较大。为此，糯扎渡水电站需进行少土安置方式的探索。

糯扎渡水电站可行性研究报告于 2003 年 10 月通过审查，审定的农业移民安置方式是大农业安置，可研审定后由于主体工程建设工期提前，导致库区移民安置进度滞后于主体工程建设进度的计划要求。根据可研阶段审定的移民安置方案，糯扎渡规划设计水平年涉及生产安置人口 47622 人，按照可研审定的土地配置标准（5.44~8.2 亩/人），需配置土地约 30 万亩；水平年共需搬迁安置农业移民 43602 人，其中约 2 万移民属于淹地不淹房规划搬迁的移民。糯扎渡水电站移民安置工作面临时间紧、任务重、工作难度大的困难。

农村移民安置方式是糯扎渡水电站移民安置的关键问题，关系到安置后移民生产生活水平能否恢复或提高，也是移民安置规划中急需解决的问题。由于主体工程建设工期提前，库区移民安置进度相对滞后于主体工程建设进度，糯扎渡水电站库区和移民安置区也出现了农业安置环境容量需求高、外迁少数民族移民对新环境较难适应、安置区后备资源缺乏、大规模生产开发对生态环境二次破坏严重等问题，大农业安置实施难度较大，需要探索新的安置方式，以确保移民安置工作顺利推进，保障主体工程按期完成建设。为妥善安置糯扎渡水电站移民，普洱、临沧两市人民政府提出了多渠道多形式安置移民的要求。

因此，按照省搬迁安置办要求，根据普洱和临沧两市最终明确的实物指标分解细化成果，昆明院开展了逐年补偿安置方式研究，编制完成逐年补偿安置方式专题研究报告。

5.2.2 研究内容和成果

糯扎渡水电站建设征地区主要位于滇南地区的普洱和临沧两市，原规划的移民安置点大部分位于各县（区）各乡（镇）的周边平坝区域，由于近几年来城集镇发展，安置点周边土地资源不断升值紧缺，导致安置区人地矛盾加剧、移民搬迁安置难度大，势必影响移民总体搬迁安置进度。因此，结合金沙江流域已经实行的逐年补偿安置方式，移民安置方式专题研究报告对大农业安置和逐年补偿安置方式进行了比选，分析研究了各种安置方式的优缺点和适用范围，针对糯扎渡水电站库区和移民安置区出现的移民安置进度滞后、大农业生产安置实施难度大等问题，提出了实施逐年补偿多渠道多形式安置方式的建议。

1. 大农业安置方式研究

大农业安置方式是指通过土地开发整理或有偿流转，为移民配置土地资源，移民搬迁后仍从事农、林、牧、渔等农业生产活动的安置方式。

由于云南省大中型水利水电工程移民大多数都为边远山区的农民，受教育程度相对较低，生产技能单一。移民从事经济活动主要以传统的种植业和养殖业为主，土地对于农民是最重要、最基本的生产资料和经营载体，长期以来农业生产仍是农民最重要的生活来源和保障。大农业安置方式是符合移民原有的思维模式和生产生活习惯的，可维持其原有的生产结构和生产技能，经济来源相对稳定、粮食有保障、安置风险小，通过农业生产劳动从土地上获得满足移民基本生活需求的粮食和农副产品，还可解决其就业问题。因此，对于库周剩余资源较多、环境容量充足的移民村组，采取"以土安置"的大农业安置方式较为稳妥。

然而，根据可研审定的移民安置方案，设计水平年糯扎渡水电站涉及生产安置人口47622人，按照审定的土地配置标准（5.44～8.2亩/人），需配置土地约30万亩；水平年共需搬迁安置农业移民43602人，其中约2万移民属于淹地不淹房而规划搬迁的移民。再加上主体工程提前两年蓄水发电，糯扎渡水电站移民安置工作呈现出"时间紧、任务重、工作难度大"的局面。

因此，经分析研究，若仍采取可研审定的移民安置方案，势必导致移民搬迁安置难度大幅增加、地方各级政府的移民安置工作压力大幅增加，要么不能确保糯扎渡水电站工程按期下闸蓄水发电的目标，要么完成移民安置任务，但为库区和移民安置区的社会稳定埋下巨大的隐患。同时，移民安置点大部分位于各县（区）的乡（镇）周边平坝区域，由于近几年的城集镇发展，安置点周边土地资源不断升值紧缺，安置区人地矛盾加剧，在有限范围内筹措到适量土地安置移民的难度加大。

此外，随着我国经济社会的不断发展，糯扎渡水电站库区和安置区产业结构也正在不断调整，当地群众通过多种途径接触了解了外部经济相对发达地区的情况，已不再满足于"靠天吃饭，种地吃粮"的小农生活。部分移民已有了脱农创业的想法，并已经开始走上了这一历程，从农村实际情况来看，具有一定文化程度的中青年农民真正留在家乡务农种田的相对较少。当地群众的收入来源呈现多元化趋势发展，并逐渐从传统的家庭性种植收入调整为以经营性、工资性和转移性收入为主，移民劳动力从事非农业生产活动的比例逐步上升，移民已逐步从"一味依赖土地"的思想转变为"脱离土地照样能挣钱"的观念。

2. 逐年补偿安置方式研究

逐年补偿安置是指以建设征收耕地为基础，依据现行政策，以移民自愿选择为前提，变一次性静态补偿为逐年动态补偿的一种安置方式。项目业主对征地移民的耕地按依法审定的补偿标准，按年产值以实物或货币的形式对移民实行长期补偿。

随着经济社会的飞速发展和城镇化进程的逐渐加快，我国农村大量劳动力由农业向非农业和城市转移。对于素质较高、生产经营和谋生技能较强、离开土地照样能维持生活的水利水电工程移民来说，迫切需要选择其他安置方式。因此，逐年补偿安置方式为"人多地少、人地矛盾突出"的水电工程移民安置指出了方向，成为妥善安置移民的基础，符合移民群众的愿望和经济社会发展的需要，更能实现移民安置区人口、经济、社会与环境的可持续协调发展。2007 年 7 月，云南省人民政府办公厅以"157 号文件"和"159 号文件"印发了金沙江中下游关于水电工程移民实行逐年补偿安置方式的指导性文件，自此云南省成为全国第一个由省级人民政府出台水电工程移民实行逐年补偿机制的省份。

糯扎渡水电站移民安置采取多渠道多形式逐年补偿安置方式，对移民不配置或少量配置耕地资源，而采取长期的货币或实物补偿，可以极大地缓解安置区人多地少的矛盾，并把广大移民群众大量的劳动力从耕种土地的传统农业生产中解脱出来，为其进入城镇或到发达地区谋发展创造了条件。因此，在糯扎渡水电站移民安置工作时间紧、任务重、实施难度大的背景下，在征求移民意愿后，糯扎渡水电站移民安置实行多渠道多形式安置移民是适应社会发展和时代背景的。

由于糯扎渡水电站库区少数民族移民群众较多，对于统一安置标准的愿望较高，同时鉴于建设征地涉及的 2 市 9 县（区）尚有可调剂的土地资源，移民希望在进行逐年补偿安置的同时，能配置适当的土地，以满足农业移民基本口粮田需求。因此，经昆明院组织专题研究，对于环境容量不足、安置压力较大的移民村组，采取"逐年补偿加少土安置"的安置方式较为稳妥。

5.2.3 成果应用

糯扎渡水电站移民安置方式专题研究成果在糯扎渡水电站移民安置工作中得以应用。普洱、临沧 2 市 9 县（区）组织进一步征求移民意愿后，对糯扎渡水电站移民生产安置方案进行了明确，糯扎渡水电站水平年生产安置人口 48571 人中，采取逐年补偿安置方式的移民共 26106 人，占糯扎渡水电站生产安置人口的比例为 53.7%；采取大农业安置方式的移民共 22432 人，占比 46.2%。对于环境容量不足、安置压力较大的移民村组，采取了"逐年补偿加少土安置"的安置方式，移民在每年获得稳定货币收入的同时，结合其自身实际从事了二三产业；对于库周剩余资源较多、环境容量充足的移民村组，仍采取"以土安置"的大农业安置方式，以维持其原有的生产结构和生产技能。

如思茅区云仙乡坝塘村移民安置完成后，采取长期的货币补偿，保障了移民的基本生活。此外，对集中外迁移民人均配置了 0.3 亩的水田作为基本口粮田，搬迁安置后移民不再从事传统的农业生产，主要依靠库周资源发展外出务工、经商、旅游、特色畜牧养殖等二三产业，成了当地新式职业农民。对于未搬迁移民，主要利用村组剩余集体财产，自行流转库周剩余土地资源，自行开展农业生产活动，由于受外迁移民生产经营活动和思想观念的影响，该部分移民的生产生活水平也得到了极大改善和提高。

如景谷县勐班乡芒海村移民安置完成后，景谷县组织为芒海村村民人均配置了耕地2.4亩、经济林果地5亩。同时，由于澜沧江江边水源丰富的土地被征收，为移民配置的土地主要是坡度较陡的坡地，水源紧缺，保水保肥能力较差。因此，为盘活现有土地资源，提高农作物产量，芒海村组织对坡度较陡的中低产田进行土地整理后，还采取了坡改梯、秸秆还田、种植绿肥、测土配方施肥、施用专用肥、增施农家肥等技术措施进行改良，并配套建设了生产道路和灌溉沟渠，极大地提高了土地质量，增加了农作物收入。

5.2.4　实践效果

糯扎渡水电站移民安置方式专题研究成果获得了"2012年度中国水电工程顾问集团公司科技进步三等奖"，专题研究有效地解决了库区和安置区环境容量不足的问题，既推进了移民安置工作进度，又减轻了地方工作难度，取得了较好的移民安置效果。

（1）为其他项目提供了借鉴和参考。糯扎渡水电站移民安置采取的"逐年补偿加少土安置"安置方式在云南省澜沧江流域尚属首例，对流域内其他水电工程移民安置具有较大的借鉴和参考价值。

（2）减轻了移民安置工作压力，确保移民安置工作顺利推进。在充分保障移民基本利益的前提下，逐年补偿安置方式减少了搬迁安置规模，库区剩余资源继续得以合理利用，减轻了移民安置土地资源配置压力和地方各级部门的移民安置工作压力，也确保了主体工程提前两年下闸蓄水发电目标的实现。

（3）保障了移民基本收入。糯扎渡水电站移民逐年补偿安置的标准在一定时期相对稳定，随着经济社会发展的增幅和价格水平的递增而相应调整，期限与糯扎渡水电站运行期相同，确保了移民收入的稳定性与长久性。

（4）解放了农村劳动力，助力了产业模式转变。在传统的农业安置方式下，搬迁前，库区移民群众还是刀耕火种的原始种植模式，主要以水稻、玉米等粮食作物为主，由于交通闭塞，山高坡陡，移民产出主要是自给自足，经济作物很难运输出去获得收益。在糯扎渡水电站实行逐年补偿多渠道多形式的安置方式下，对于农业生产技能较强的移民可结合土地资源配置情况依然选择传统的大农业安置方式；对于具有较强二三产业技能的移民可选择逐年补偿安置方式，每年在获得稳定货币收入的同时，根据其自身实际发展二三产业。从实施效果来看，糯扎渡水电站移民收入来源呈现多元化局面，逐年补偿安置方式在确保移民群众每年可获得稳定货币收入的前提下，通过劳务技能就业获得相对较高的可支配收入，解放了农村劳动力，促进了地区产业模式转变。

（5）减轻了项目业主资金筹措压力。糯扎渡水电站采取逐年补偿安置方式后，原需要项目业主一次性支付的土地补偿费用转变为逐年补偿动态支付，相对减轻了项目业主的资金筹措压力，实现了移民群众与项目业主的利益共享。

5.3 逐年补偿安置标准研究

根据糯扎渡水电站移民安置实际，确定了实行逐年补偿多渠道多形式安置方式后，逐年补偿安置标准成了糯扎渡水电站移民安置实施过程中的重大问题。逐年补偿标准的确定，既要确保移民的基本生活保障，也要考虑澜沧江公司的筹资能力以及项目建设的经济合理性。

5.3.1 研究背景

2009 年 4 月 9 日，原省移民开发局下发了《云南省移民开发局关于贯彻执行〈云南省澜沧江糯扎渡水电站多渠道多形式移民安置指导意见〉的通知》（云移澜〔2009〕11 号），进一步明确了糯扎渡水电站实行逐年补偿多渠道多形式移民安置的有关问题。

逐年补偿标准的确定，是实行逐年补偿移民安置方式最基础，也是最关键的工作之一。为尽快推动糯扎渡水电站建设征地移民安置规划工作，根据省搬迁安置办安排，昆明院通过与普洱、临沧 2 市和 9 县（区）进一步沟通、交流，开展了糯扎渡水电站移民安置逐年补偿标准的专题研究工作，并编制了《糯扎渡水电站长效补偿标准分析专题报告》。

5.3.2 研究内容和成果

逐年补偿是以水库淹没影响的耕地为基础，按耕地年产值以货币形式逐年对移民人口进行长期补偿。逐年补偿专题研究报告从"淹多少，补多少"标准、当地城镇居民最低生活保障标准、全库区最少人均耕地等三种方案分析研究了逐年补偿标准，开展了方案比选工作，并提出了糯扎渡水电站逐年补偿标准参照当地城镇居民最低生活保障标准的建议。

1. 方案一

方案一依据"淹多少，补多少"原则，将糯扎渡水电站全部淹没的集体耕地按耕地年产值以货币形式进行逐年补偿。方案一的主要特点就是淹没影响的耕地数量决定了享受逐年补偿的标准，各县（区）、各乡（镇）、各村（组）淹没影响的耕地数量不尽相同，涉及的逐年补偿标准也不相同。

经分析计算，糯扎渡水电站全库区平均逐年补偿标准为 225 元/（人·月），其中澜沧县 241 元/（人·月）、景谷县 232 元/（人·月）、思茅区 248 元/（人·月）、宁洱县 229 元/（人·月）、镇沅县 218 元/（人·月）、景东县 193 元/（人·月）、临翔区 289 元/（人·月）、双江县 248 元/（人·月）、云县 125 元/（人·月）。

糯扎渡水电站全库区逐年补偿标准最高的村组为 893 元/（人·月），最低的村组为 49 元/（人·月）。全库逐年补偿标准在 100 元/（人·月）以下的村组占全库总村组数量的 1.09%，人口占全库逐年补偿人口的 3.05%；移民逐年补偿标准在 100~200 元/（人·月）的村组占全库总村组数量的 41.44%，人口占全库逐年补偿人口的 39.96%；移民逐年补偿标准在 200~300 元/（人·月）的村组占全库总村组数量的 36.6%，人口占全库逐年补偿人口的 47.78%；移民逐年补偿标准在 300~400 元/（人·月）的村组占全库总村组数量的 11.18%，人口占全库逐年补偿人口的 5.91%；移民逐年补偿标准在 400 元/（人·

月）以上的村组占全库总村组数量的 8.96%，人口占全库逐年补偿人口的 3.30%。

方案一计算的逐年补偿标准人口分布情况如图 5.3-1 所示。

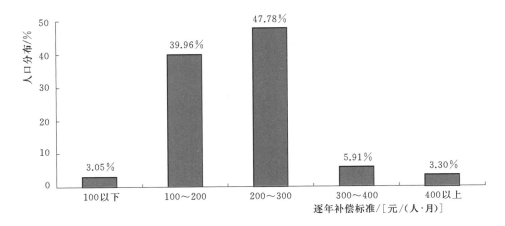

图 5.3-1 糯扎渡水电站"淹多少，补多少"逐年补偿标准人口分布图

2. 方案二

方案二以当地城镇居民最低生活保障标准作为逐年补偿标准。通过对糯扎渡水电站涉及两市各县（区）城镇居民最低生活保障标准的调查，普洱市城镇居民最低生活保障标准为 187 元/（人·月）、临沧市城镇居民最低生活保障标准为 182 元/（人·月），综合考虑后按 187 元/（人·月）作为逐年补偿标准。

按 187 元/（人·月）的逐年补偿标准，根据糯扎渡水电站耕地补偿标准测算对应的逐年补偿标准耕地（按水田计）为 1.21 亩/人。由于各村组征收耕地人均指标不尽相同，部分村组人均标准耕地高于 1.21 亩/人，部分村组则低于 1.21 亩/人。

经分析计算，糯扎渡水电站全库标准耕地大于 1.21 亩/人的村组约占 73%，全库各村组在扣除用于逐年补偿耕地面积后超出的标准耕地面积总和为 14366.78 亩；标准耕地小于 1.21 亩/人村的组约占 27%，全库各村组在扣除用于逐年补偿耕地面积后不足的耕地面积总和为 844.43 亩。

经统计计算，糯扎渡水电站全库人均标准耕地在 0.95 亩以下的村组占全库总村组数量的 7.18%，移民人口占全库逐年补偿人口的 12.71%；标准耕地在 0.95～1.21 亩/人的村组占全库总村组数量的 19.71%，移民人口占全库逐年补偿人口的 21.51%；标准耕地在 1.21～1.51 亩/人的村组占全库总村组数量的 30.94%，移民人口占全库逐年补偿人口的 28.68%；标准耕地在 1.51～2.3 亩/人的村组占全库总村组数量的 35.54%，移民人口占全库逐年补偿人口的 26.42%；标准耕地在 2.3 亩/人以上的村组占全库总村组数量的 6.63%，移民人口占全库逐年补偿人口的 10.67%。

为了实现方案二的逐年补偿标准，对纳入逐年补偿的耕地面积不足的村组，其缺口资金每年约 157 万元。对用于逐年补偿后耕地面积超出的村组（标准耕地大于 1.21 亩/人的村组），为了充分利用现有已划拨的土地资源，各村组可根据实际情况用剩余耕地的土地补偿费为移民配置一定数量的耕地，经计算，全库平均可为移民配置标准耕地 0.29 亩/人。

3. 方案三

方案三以整个库区最少人均耕地指标作为逐年补偿标准。糯扎渡水电站建设征地人均耕地最少的县（区）为云县，标准耕地（以水田计）面积为 0.95 亩/人，据此分析计算的各县（区）逐年补偿标准为 147 元/（人·月）。

经分析计算，糯扎渡水电站整个库区扣除逐年补偿耕地面积后超出的村组耕地面积共 25278 亩，约占整个库区的 92.82％；不足的村组耕地面积共 1955 亩，约占整个库区的 7.18％。

为了实现方案三的逐年补偿标准，对纳入逐年补偿的耕地面积不足的村组，其缺口资金每年约 33.8 万元。对用于逐年补偿后耕地面积超出的村组（标准耕地大于 0.95 亩/人的村组），为了充分利用现有已划拨的土地资源，各村组可根据实际情况用剩余耕地的土地补偿费为移民配置一定的耕地。经计算，全库平均可为移民配置标准耕地 0.5 亩/人。

5.3.3 成果应用

逐年补偿安置标准专题研究通过对"淹多少，补多少"标准、当地城镇居民最低生活保障标准、全库区最少人均耕地等三种逐年补偿标准进行分析比选，最终提出以当地城镇居民最低生活保障标准作为逐年补偿标准的建议，并成功应用到糯扎渡水电站移民安置工作中。按当地城镇居民最低生活保障 187 元/（人·月）的逐年补偿标准，根据糯扎渡水电站耕地补偿标准测算的对应逐年补偿标准耕地（按水田计）为 1.21 亩/人。由于糯扎渡库区各村组征收耕地人均指标不尽相同，标准耕地大于 1.21 亩/人的村组比例为 73％，标准耕地小于 1.21 亩/人的村组比例为 27％。

在糯扎渡水电站移民安置过程中，对于耕地面积大于 1.21 亩/人的村组，其剩余耕地的土地补偿费，用于为移民配置一定数量的耕地；对于耕地面积不足 1.21 亩/人的村组，在移民安置规划中计列了一定数量的生产安置措施补助费用，确保了移民逐年补偿资金的来源。

5.3.4 实践效果

逐年补偿安置标准专题研究成果已成功应用到糯扎渡水电站移民安置工作中，取得了较为明显的经济和社会效益。主要表现在以下两个方面：

（1）为其他项目提供了借鉴和参考。针对糯扎渡水电站移民安置实际情况，突破传统的大农业安置思路，通过对三种逐年补偿标准进行分析研究，创新性地提出以当地城镇居民最低生活保障标准作为逐年补偿标准的建议，对云南省其他水电站逐年补偿标准的确定具有较好的借鉴和参考价值。同时，为《云南省人民政府关于进一步做好大中型水电工程移民工作的意见》（云政发〔2015〕12 号）分析确定逐年补偿标准增长机制也提供了非常好的实践案例。

（2）符合地方政府和移民群众意愿，维护了当地社会稳定。糯扎渡水电站逐年补偿标准一经确定后，库区涉及的 2 市 9 县（区）热烈响应、积极配合，54％的移民选择了逐年补偿安置方案。逐年补偿安置标准在糯扎渡水电站移民安置工作中的实践，成功解决了传统大农业安置方式带来的土地资源不足、配置土地质量较差等矛盾，减小了地方政府的搬迁安置难度。2011 年糯扎渡水电站下闸蓄水，移民逐年补偿工作陆续启动，经过多年的平稳运行，移民生产生活稳步恢复，库区和移民安置区社会稳定。

5.4 移民安置进度计划调整研究

在糯扎渡水电站移民安置实施过程中，由于主体工程提前两年蓄水发电，可研阶段审定的移民安置进度计划势必不能满足移民安置进度要求。为顺利推进移民安置工作，保障糯扎渡水电站按期完成建设，需根据主体工程蓄水发电工期安排，开展移民安置进度计划调整的专题研究工作。

5.4.1 研究背景

可研阶段审定的糯扎渡水电站工程施工总工期为 138 个月（不含工程筹建期 3 年），其中工程准备期 34 个月、主体工程工期 69 个月、完建工程工期 35 个月。主体工程计划 2008 年 11 月截流，2013 年 11 月下闸蓄水，2014 年 7 月首批机组发电，2017 年 6 月全部机组投产发电，工程竣工。

根据项目业主要求，昆明院进行了主体工程施工期提前一年的可行性和 2012 年首批机组投产发电方案的研究工作，并于 2006 年 11 月编制完成《云南省澜沧江糯扎渡水电站招标设计阶段施工总工期论证专题报告》，同年 11 月水电水利规划设计总院在普洱市召开了审查会，同意主体工程 2011 年下闸蓄水，2012 年首台（批）机组发电，并要求"根据提前发电工期安排，补充移民安置进度计划调整的可行性论证工作，必要时编制移民安置进度计划调整可行性论证专题报告，并报请云南省人民政府审批"。

2008 年 2 月至 2009 年 7 月，为妥善安置糯扎渡水电站移民，普洱、临沧两市结合糯扎渡水电站移民安置实际提出多渠道多形式安置移民的要求，并于 2009 年 4 月经原省移民开发局以《云南省移民开发局关于贯彻执行〈云南省澜沧江糯扎渡水电站多渠道多形式移民安置指导意见〉的通知》（云移澜〔2009〕11 号）进一步明确了实行多渠道多形式移民安置的有关问题。

为进一步明确糯扎渡水电站移民搬迁安置进度计划，明确各方工作内容及工作职责，昆明院开展了糯扎渡水电站移民安置进度计划调整的专题研究工作，编制完成了专题研究报告。专题研究报告主要从主体工程工期、移民安置实施进度、进度计划调整分析论证、进度计划调整对应的保障措施和措施保障费用等方面开展了研究工作。

5.4.2 主体工程工期

1. 主体工程施工总进度

糯扎渡水电站主体工程于 2004 年 4 月开始筹建，2007 年 11 月大江截流，根据 2006 年 11 月《云南省澜沧江糯扎渡水电站招标设计阶段施工总工期论证专题报告》中审定的施工进度计划，糯扎渡水电站计划于 2011 年 11 月水库下闸蓄水，2012 年 7 月底首台机组投产发电，2015 年 6 月主体工程完工。

专题研究期间，主体工程施工进度按照施工合同的工期要求组织施工，即 2012 年 7

月首台机组投产发电，后续机组每 3 个月投产发电 1 台，2014 年 6 月 9 台机组全部投产发电，工程结束。工程完建期 23 个月，完建期较审批工期提前 12 个月。

2. 水库下闸蓄水计划

水库初期蓄水采用 85%保证率的入库水量计算，扣除下泄流量 600m³/s，第一台机组发电水位为 765.00m，计划于 2011 年 11 月中旬水库开始下闸蓄水。

初期水库蓄水分两阶段进行：第一阶段蓄水为 2011 年 11 月中旬至 2012 年 3 月下旬，至 2012 年 2 月中旬水库蓄水至 732.23m；第二阶段为 2012 年 4 月初至 2012 年 7 月底，水库蓄水至 765.00m。

5.4.3 移民安置实施进度

截至 2011 年 6 月，糯扎渡水电站枢纽工程建设区和围堰截流区移民已基本完成搬迁安置，水库淹没区 745.00m 水位线以下移民仅完成搬迁安置 23.9%；景谷县益智集镇和库周大部分专业项目改建工程也正在实施；澜沧县、思茅区、景谷县和双江县已全面启动了库底清理工作，其他县（区）移民安置工作正处于准备阶段。

1. 农村移民安置

根据蓄水计划，下闸蓄水前一期主要实施 745.00m 水位线以下移民搬迁工作，745.00m 水位以下涉及搬迁人口 1360 户 5622 人，其中外迁集中安置 824 户、后靠自行安置 536 户。

截至 2011 年 6 月底，各集中安置点的移民已经完成建房 135 户，在建房 540 户，未启动建房 149 户；后靠自行安置的 536 户移民已完成搬迁 114 户，已完成建房 190 户，在建房 251 户，未启动建房 95 户。为确保 2011 年 11 月主体工程顺利下闸蓄水，完成 745.00m 水位线以下移民搬迁安置工作面临时间紧、任务重的困难。

截至 2011 年 6 月，糯扎渡库区高程 745.00m 以下移民安置建房进度示意图如图 5.4-1所示。

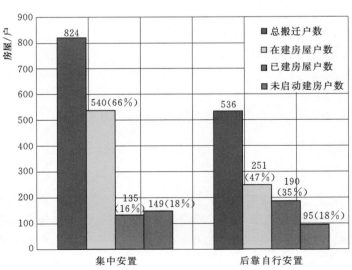

图 5.4-1　糯扎渡库区高程 745.00m 以下移民安置建房进度示意图（截至 2011 年 6 月）

2. 集镇

景谷县益智集镇场平工程及挡土墙工程已基本完成，集镇防护堤工程完成80%，集镇内排水、道路和配电工程正在组织实施，计划至2011年12月完成，泄洪沟、边坡截水沟也完成66.7%，集镇场外供水工程也正在实施。新建的益智大桥正在进行上部简支梁拼装，计划2011年12月通车。

3. 专业项目

G323线、G214线道路工程已基本实施完成，于2011年6月初开始试通车，并于2011年9月进行了竣工验收。双江县赛罕四级公路道路工程已完成全部工程量的75%，桥梁工程已完成全部工程量的65%。

景临大桥桥墩工程基本结束，整个桥梁工程预计于2012年4月底通车并进行验收。澜沧县南岭桥至新城复建公路工程已完成全部工程量的90%，计划于2011年10月底基本达到通车条件。思茅区思云四级公路工程道路部分已完成路基工程量的85%，4座桥梁正在进行桥墩浇筑，预制T型梁已生产过半。计划于2011年12月底基本通车。

4. 库底清理

各县（区）库底清理工作进度迟缓，745.00m水位线以下林木砍伐量约占总量的50%。库底清理进度迟缓的原因为：一是部分移民要求尽快兑付集体园地和林地的土地补偿费，移民诉求得不到满足导致林木砍伐进度缓慢；二是受雨季天气影响，清理的树枝无法及时焚烧制约了库底清理进度。

5.4.4 进度计划调整分析论证

在开展移民安置进度计划调整专题研究过程中，昆明院根据当时的糯扎渡水电站施工总进度、下闸蓄水计划和移民安置控制性水位要求，按照移民搬迁安置工作必须满足下一时段相应防洪要求的原则，综合考虑移民安置进度计划。移民安置进度计划调整分析论证主要根据糯扎渡水电站移民安置实际进度情况、施工进度计划以及实际的剩余时间，按照移民安置项目正常工期安排和实施周期等进行综合分析，梳理出存在的问题，并提出解决的措施。

1. 农村移民安置

截至2011年3月，745.00m水位线以下27个移民安置点及其配套基础设施项目初步设计成果已通过了咨询。按照移民安置进度计划，糯扎渡水电站需在2011年11月以前完成745.00m水位线以下的农村移民安置，在2012年4月以前完成库区790.00m水位线以下的农村移民安置，在2012年7月以前完成库区淹没影响范围内所有的移民安置任务。

通过调查分析，在投入施工机械保障、施工队伍组织得当、监管到位、资金保障的情况下，移民安置点场平及挡土墙工程施工周期至少需要2~3个月，房屋建设施工周期至少需要3~4个月。

从当时情况来看，高程745.00m以下涉及的4个县（区）的移民安置点场平及挡土墙工程已经完成，但4个县（区）都存在部分移民房建工作尚未完成或尚未启动建房的情况，澜沧、双江、思茅尤为突出，移民在下闸蓄水前将不能搬迁入住永久住房。因此，需对下闸蓄水前不具备搬迁入住条件的移民户采取临时应急措施。

2. 集镇

根据益智集镇的施工组织安排，计划于 2011 年 10 月开始建房，2011 年 12 月底完成集镇所有的场内道路、供水、供电及给排水工程，预计于 2012 年 5 月之前完成全部建设，2012 年 5 月底实施完成全部集镇的搬迁安置任务。由于益智集镇处于库尾，建筑物分布高程为 809.00～855.00m，当时益智集镇迁建进度滞后不会影响水库初期下闸蓄水。

澜沧县热水塘街场是当地居民定期聚集进行商品交易的场所，仅街道、市场、排水管沟、供水供电线路等设施被淹没，相对移民房屋建筑，其实施难度小，建设周期短，也不影响水库初期下闸蓄水。

3. 专业项目

从当时各专业项目实施进度来看，专业项目实施进度也不影响水库初期下闸蓄水。

4. 库底清理

各县（区）涉及的库底清理工程量比重不同，库区清理工作主要集中在澜沧、思茅、景谷、双江等 4 县（区），当时主要进行的是林地和园地清理，卫生清理和建筑物清理还未启动。

745.00m 水位线以下澜沧县还剩约 16000 亩林木未清理，思茅区还剩约 23000 亩林木未清理，景谷县还剩约 4860 亩林木未清理，双江县还剩约 680 亩林木未清理。据调查分析，一个 500～600 人的施工队伍进行园地林地清理，每天可以砍倒林木 50～100 亩。从当时库底清理实施进度分析，为确保下闸蓄水前完成库底清理工作，澜沧县、思茅区、景谷县、双江县等 4 县（区）均需采取一定保障措施，如加大施工队伍的投入、增加机械物资数量，并做好当地移民的思想工作方能完成园地、林地清理工作。

卫生清理和建筑物清理一般在移民搬迁后 20 天内才能完成，各县（区）需尽快将库区移民搬迁安置完毕，才能开展卫生和建筑物清理工作。因此，为确保下闸蓄水前完成相应的库底清理工作，澜沧县、思茅区、景谷县、双江县等 4 县（区）均需采取一定的临时应急措施。

5.4.5 存在的问题及保障措施研究

经分析论证，就当时的糯扎渡水电站移民安置和水库库底清理实施情况来看，正常情况下高程 745.00m 以下移民安置和水库库底清理工作在 2011 年 11 月以前难以完成，满足不了糯扎渡水电站 2011 年 11 月水库下闸蓄水的要求。鉴于此，为实现糯扎渡水电站 2011 年 11 月如期下闸蓄水目标，针对当时部分移民项目滞后的情况，结合糯扎渡水电站建设征地移民安置工作实际，昆明院主要从确保移民的生产生活水平不降低、加强移民安置工作力度、维护社会稳定、建立和完善奖励机制等方面提出保障措施。

（1）切实维护移民合法权益，保障移民生产生活水平不降低。由于移民搬迁后生产资源配置等生产安置措施尚未及时全面实施，影响了移民的生产收入，2011 年以来，移民忙于搬迁无暇顾及生产恢复，在一定程度上也影响了移民的生产收入，同时由于库底清理对耕园地的收入会产生一定损失，同样影响了移民的生产收入。

因此，为保证移民的生产收入不降低，对于淹没影响的耕地、园地计算一年的产值补助，以补偿移民的生产损失。

（2）完善基础设施，改善生活环境，确保移民生活质量。就当时的移民安置情况看，移民搬迁安置后相关水、电、路等配套基础设施尚未全部建成，移民居住环境较差，不但给移民生活带来诸多不便、增加了生活成本，同时也会对移民思想情绪产生影响。为了改善居住环境，弥补由于基础设施不完善和居住环境较差给移民带来的影响，对由于基础设施不完善和居住环境较差导致的移民生活成本增加进行补偿，对于水库淹没区和库岸失稳区的搬迁人口，给予适当的生活补助费。

（3）完善临时过渡措施，确保移民生命财产安全。由于农村移民安置相对滞后，为满足糯扎渡水电站按时下闸蓄水需采取临时过渡措施，部分移民需租房或搭建临时房屋过渡。根据相关规程规范，虽在移民搬迁费用中计列了临时过渡房屋补偿费和保险费等，但各县（区）移民搬迁还需解决好搬迁道路保通，临时用水、临时用电供应及安全保障，临时畜圈搭建等生产生活问题。

（4）积极采取有效措施，加大工作力度，确保库底清理满足下闸蓄水要求。水库库底清理工作相对滞后，成为制约水库下闸蓄水的重要因素之一。根据当时水库库底清理工作的实际完成情况，需增加林木清理助燃费和停工损失及赶工补助费，相关县（区）应积极采取有效措施，加大工作力度，确保按时完成库底清理工作。

（5）增加移民安置工作经费，加强移民安置工作推进力度，维护社会稳定。由于电站提前两年下闸蓄水发电，使得移民安置工作在较短时间内较为集中，工作量大、工作矛盾突出，需地方各级人民政府投入较多的人力、物力、财力才能完成。为确保建设征地移民安置满足主体工程建设进度计划需要，各县（区）针对糯扎渡水电站移民安置时间紧、任务重、难度大的实际情况，各级各部门都抽调出了大量的人力，花费了较大的物力和财力，成立了移民安置工作组，高位推动移民安置工作。

因此，为确保组织措施得力，适当增加移民安置工作经费，确保移民安置工作向前推进。增加的移民安置工作经费，主要用于移民工作人员业务培训、工作人员出差补助、车辆维修及燃油补助、移民政策宣传费用等。

（6）建立和完善奖惩机制，积极推动移民安置工作。针对糯扎渡水电站建设征地移民安置时间紧、任务重、工作难度大的实际情况，为充分调动各方积极性，做好糯扎渡水电站移民安置相关工作，建立和完善移民安置工作奖励制度。

5.4.6　保障措施费用

根据梳理的保障措施，移民安置进度计划调整涉及的保障措施费用主要包括移民生产生活补助费、搬迁安置临时设施补助费、高程745.00m以下清库补助费、移民安置工作增加经费补助、维稳工作经费、提前蓄水发电奖励资金等几部分。

移民生产生活补助费主要包括耕园地收入补助费和搬迁移民生活补助费用两项。耕园地收入补助费计算了一年的产值补助费用，搬迁移民生活补助费，按120元/（人·月）计，补助期限为6个月。

搬迁安置临时设施补助费主要计算了临时搬迁移民需要发生的搬迁道路保通、临时用水、用电及公共卫生、临时畜圈搭建以及两所学校临时过渡措施所需要的费用。

高程745.00m以下清库补助费包括林木园木清理助燃费和停工损失及赶工费用，按照高程 745.00m 以下林木清理工程量，每亩增加 45 元的助燃费，并按停工损失和赶工工日，以每工日 60 元进行补贴。

移民安置工作增加经费补助主要计列了移民安置工作人员出差补助、车辆燃油补助及维修、移民政策宣传补助费用等，增加的工作经费全部用于普洱、临沧两市移民工作。

维稳工作经费按照《云南澜沧江糯扎渡水电站建设征地及移民安置规划报告（审定本）》（2007 年）审定的基本预备费的 5% 计算。

提前蓄水发电奖励资金由项目业主按照《云南澜沧江糯扎渡水电站建设征地及移民安置规划报告（审定本）》（2007 年）审定的基本预备费的 5% 提取支付，由省搬迁安置办制定相应的奖励办法报经省政府批准后实施。

经分析计算，糯扎渡水电站保障措施费用共计 31901 万元，其中移民生产生活补助费 18718 万元，搬迁安置临时设施补助费 1000 万元（暂列），移民安置工作增加经费补助 3550 万元，高程 745.00m 下库底清理补助费 933 万元，维稳工作经费 3850 万元，提前蓄水发电奖励资金 3850 万元。

5.4.7 成果应用和实践效果

昆明院编制完成《糯扎渡水电站建设征地移民安置进度计划调整可行性论证报告》后，经省搬迁安置办组织审查，并报经云南省人民政府同意后，提交各级地方人民政府按照调整后的进度计划组织实施移民安置工作。在云南省人民政府的统一领导下，普洱、临沧两市人民政府精心组织，以水库淹没涉及的各县（区）人民政府为主体，通过相关各方紧密配合和共同努力，糯扎渡水电站下闸蓄水前的阶段性移民安置工作按计划实施完成，确保了糯扎渡水电站 2011 年 11 月如期下闸蓄水，取得了较好的经济和社会效益。

（1）满足主体工程建设进度要求，减轻了移民安置工作压力。通过对移民安置实施进度进行分析论证，并将移民安置任务按轻重缓急分三期组织实施，分三期进行移民安置专项验收，在云南省水电工程移民安置工作中尚属首例。移民安置工作分期、分阶段实施得到了地方各级人民政府和移民的认可，既满足了糯扎渡水电站 2011 年 11 月如期下闸蓄水需求，又减轻了各阶段移民安置工作压力。

（2）有序推进了移民安置工作，维护了库区和移民安置区的社会稳定。根据调整后的进度计划，普洱市和临沧市人民政府有序推进了移民搬迁安置工作。涉及的各县（区）切实制定了移民租房方案或临时房屋保障措施，采取了临时用水、用电供应及搬迁期间移民安全保障措施，为移民搭建了临时的牲畜养殖畜圈，解决了糯扎渡镇两所学校临时过渡的问题，同时还计列了移民搬迁道路保通费用，确保了移民生命财产安全，维护了库区和移民安置区社会稳定。

（3）保障措施和费用符合移民安置实际，对移民安置工作产生了极大推进作用。通过对当时糯扎渡水电站移民安置实施进度进行分析论证，并针对实施进度滞后的部分移民安置项目提出相应的进度计划调整内容、保障措施和保障费用。对于淹没影响耕园地计算一年的耕园地产值补助费用，并对搬迁移民实行生活补助；对移民安置过程中发生的搬迁道路保通、临时用水、用电及公共卫生、临时畜圈搭建以及两所学校临时过渡措施计算了临时设施补助费；对高程 745.00m 以下库区计算了林木清理助燃费和停工损失及赶工费用；

同时还补充计列了移民安置工作增加经费、维稳工作经费和提前发电奖励资金。

从移民安置实施情况来看，当时采取的保障措施和费用是符合糯扎渡水电站移民安置实际的，极大地推进了移民安置工作，确保了移民合法权益，维护了当地社会稳定。

（4）为澜沧江流域其他项目移民安置工作提供了参考。糯扎渡水电站在提前两年下闸蓄水的背景下，通过相关各方共同努力、通力合作，下闸蓄水阶段性的移民安置工作也如期完成，为我国其他同类型进行进度计划调整的水电工程移民安置工作提供了参考。

5.5　库周非搬迁移民村组基础设施改善研究

根据国家法律法规和规程规范要求，糯扎渡水电站建设征地影响的大部分专项工程均按照"原规模、原标准或恢复原功能"进行了改（复）建，对当地居民生活基础设施及文教卫设施建设起到了较大的促进作用，提高了当地群众的生活质量。然而，在糯扎渡水电站移民安置中还存在淹地不淹房的生产安置移民，该部分移民的房屋没有受到淹没影响，可不采取搬迁安置。由于该部分移民的生产资源大部分被淹没，移民提出了改善居住地基础设施的诉求。

《云南省人民政府关于进一步做好大中型水电工程移民工作的意见》（云政发〔2015〕12号）提出："对影响较大的非搬迁就地恢复生产安置的移民村组，应规划对其基础设施和公共服务设施进行必要的改造和配套建设"，《云南省移民开发局关于印发解读〈云南省人民政府关于进一步做好大中型水电工程移民工作的意见〉的通知》（云移发〔2015〕100号）对该条文进行了解释说明，"考虑到目前国家《水电工程建设征地移民安置规划设计规范》（DL/T 5064—2007）中无此方面的明确规定，移民要求解决这方面问题的诉求很高，此问题的解决事关移民群众长远发展和社会稳定，但由于此项工作政策性和技术性都较强，《云南省人民政府关于进一步做好大中型水电工程移民工作的意见》（云政发〔2015〕12号）对此提出了原则性要求，具体措施和标准可在实际工作中由相关各方根据具体情况研究确定"。因此，在移民安置过程中，昆明院组织开展了库周非搬迁移民村组基础设施改善的专题研究工作。

5.5.1　研究背景

近年来随着我国经济社会的不断发展，国家对农村基础设施不断提出了新的建设标准和要求。根据《水电工程建设征地移民安置规划设计规范》（DL/T 5064—2007），水电建设影响的交通、邮电、广播、水利水电、输电、企事业单位及文物古迹等基础设施均按照"原规模、原标准或恢复原功能"进行改（复）建；《美丽乡村建设指南》（GB/T 32000—2015）对农村道路、桥梁、饮水、供电、通信等生活设施和农业生产设施提出了"现代化"建设的新要求；《国家乡村振兴战略规划（2018—2022年）》提出："推进城乡统一规划，统筹谋划产业发展、基础设施、公共服务、资源能源、生态环境保护等主要布局，……农村公共服务和社会事业达到新水平，农村基础设施建设不断加强，人居环境整治加快推进，教育、医疗卫生、文化等社会事业快速发展。"

为做好糯扎渡水电站库周非搬迁移民村组基础设施改善方案的分析研究工作，根据省搬迁安置办和澜沧江公司的要求，昆明院组织对非搬迁移民村组基础设施改善条件和改善标准进行了分析研究，提出非搬迁移民村组生产安置人口占剩余村组总人口的比例作为基础设施改善条件和改善标准的确定原则，并配合普洱、临沧 2 市 9 县（区）编制完善了基础设施完善项目的建设方案。在此基础上，昆明院分析计算了糯扎渡水电站非搬迁移民村组的基础设施改善项目和改善费用，编制了专题研究报告，并通过省搬迁安置办的审查后，提交普洱市和临沧市组织实施。

5.5.2 研究内容

1. 非搬迁移民村组基础设施改善条件分析

根据建设征地影响概况，糯扎渡水电站库周非搬迁淹地影响移民村组共 179 个，涉及就地生产安置人口 19221 人，各村组人口数量和生产安置人口占比各不相同。

为分析确定需进行基础设施改善的移民村组，昆明院分析提出了非搬迁移民村组生产安置人口占剩余村组总人口的比例、就地生产安置人口占移民村组剩余总人口的比例两个指标作为边界条件，并提出就地生产安置人口占比大于等于 30％、生产安置人口占比大于等于 50％、生产安置人口占比大于等于 30％且就地生产安置人口数量大于 100 人、生产安置人口占比大于等于 50％且就地生产安置人口数量大于 50 人等四个处理方案。

2. 基础设施改善范围分析

经分析梳理，根据分析确定的基础设施改善条件，糯扎渡水电站 179 个非搬迁移民村组中，方案一需进行基础设施改善的村组为 140 个，方案二为 106 个，方案三为 75 个，方案四为 93 个。

3. 基础设施改善项目

结合涉及基础设施改善村组的移民生产生活现状，昆明院配合普洱、临沧 2 市 9 县（区）提出了基础设施完善项目，见表 5.5－1。

表 5.5－1　　　　　　　　　　四个处理方案的基础设施完善项目汇总表

序号	项　　目	单位	方案一	方案二	方案三	方案四
1	道路硬化	km	122.26	99.44	82.59	97.35
2	文化室	个	143	109	84	99
3	公厕	个	109	80	72	83
4	垃圾池	个	159	116	115	125
5	活动场地	处	27	20	8	13
6	太阳能路灯	盏	420	318	225	279
7	村外供水水池	m³	7613	1605	1390	1485
8	水窖	m³	600			
9	水管	km	25	10	7	10
10	改建道路	km	17.2	12.7	6	11.2

4. 基础设施改善费用

鉴于非搬迁移民村组基础设施改善项目数量多、零散、杂乱，不便于集中开展勘察设计工作，其改善费用按照改善规模和综合补助单价分析估算后，采取补助形式，由涉及的地方政府和移民村组自行实施完成。综合补助单价参照糯扎渡水电站已实施完成的移民安置点审定的设计成果等进行综合分析确定，其中道路硬化综合单价 80 万元/km，文化室 12 万元/个，公厕 15 万元/个，垃圾池 3 万元/个，活动场地 20 万元/处，太阳能路灯 1 万元/盏，村外供水管 15 万元/km，新建村外道路 150 万元/km。

经分析计算，各方案对应的库周非搬迁移民村组基础设施改善费用分别为 15922.42 万元、12562.88 万元、9851.05 万元和 11877.28 万元，如图 5.5-1 所示。

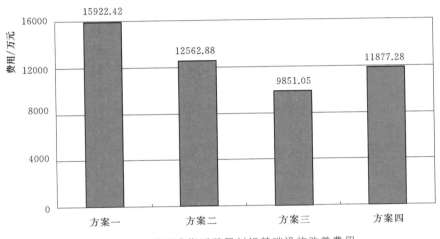

图 5.5-1　库周非搬迁移民村组基础设施改善费用

5. 基础设施改善影响分析

糯扎渡水电站库周非搬迁移民村组基础设施改善项目实施后，地方政府结合后期扶持和扶贫资金统筹实施改善项目，对移民村组实施脱贫攻坚战略和乡村振兴战略产生了巨大的推动作用，营造了一个和谐稳定的库区环境。同时，四个实施方案中最大投资仅为 1.5 亿元，占糯扎渡水电站移民安置总费用的比例约为 1.5%。

5.5.3　成果应用和实践效果

2017 年 6 月，省搬迁安置办组织召开协调会议对专题研究成果进行了审核讨论（原省移民开发局专题会议纪要，2017 年 6 月 20 日第 9 期），最终明确按照方案一组织实施，即："对于就地生产安置人口占村组剩余总人口的比例大于 30%（含 30%）的库周非搬迁移民村组，认定为确需改善基础设施的移民村组，并将其村组上报的改善项目经梳理后纳入计算基础设施改善费用。在实施过程中，由涉及的普洱、临沧两市各县（区）自行结合后期扶持和扶贫等项目统筹实施。"

随后，各县（区）按照方案一确定的原则和项目组织开展了糯扎渡水电站库周非搬迁移民村组基础改善工作，并结合后期扶持和扶贫政策统筹实施了非搬迁移民村组基础设施改善项目。库周非搬迁移民村组基础设施改善研究成果为云南省移民主管部门和项目业主决策提供了重要的科学依据，为库周非搬迁移民村组带来了较好的经济和社会效益。

（1）推动移民村组经济社会稳步发展，营造了和谐稳定的库区环境。普洱和临沧两市整合库周非搬迁村组基础设施改善费用、脱贫攻坚补助费用以及后期扶持项目费用，共完成了库周道路硬化约 300km，完成非搬迁村组建档立卡贫困户居民的危房改善约 5000m²、庭院建设约 2000m²，新建文化活动室约 300 个、公厕 150 个，为村组布设太阳能路灯 500 余盏，建设村外供水水池、水窖共 8000 余 m³，成立养殖和种植合作社 20 余个，成功发展高原特色种植和养殖类产业项目 30 余个。项目的实施有效推动了移民村组的社会经济稳步发展，当地居民生产生活水平得到明显提升，精神文化生活也变得丰富多彩，营造了和谐稳定的库区环境。

（2）统筹后期扶持和扶贫等其他项目资金，确保项目发挥效益。在非搬迁村组基础设施改善项目实施过程中，澜沧县、景谷县、思茅区和镇沅县等县（区）还统筹了后期扶持、扶贫等其他项目资金约 1.5 亿元，在改善非搬迁移民村组基础设施落后现状的基础上，对移民村实施脱贫攻坚战略也产生了巨大的推动作用，确保非搬迁村组基础设施改善项目发挥效益。

（3）为同类其他项目移民安置提供了参考和借鉴。在水电工程移民安置工作中对库周非搬迁移民村组基础设施进行改善，在全国属于首例，为后续相关问题的研究和处理提供了参考，也是在国家实施乡村振兴战略背景下一个很好的实践，对库周非搬迁村组实施乡村振兴战略具有很好的借鉴价值。

此外，《关于做好水电开发利益共享工作的指导意见》（发改能源规〔2019〕439 号）指出，"统筹协调水电建设与促进地方经济发展和支持移民脱贫致富、移民搬迁安置与后续发展需要，使移民在依法获得补偿补助基础上，更多地分享水电开发收益。"库周非搬迁移民村组基础设施改善项目的实施，使得库周非搬迁移民与项目业主共享水电开发收益，对巩固脱贫攻坚成果、推进乡村振兴战略、打造生态宜居环境等发挥了巨大的作用。

5.6 本章小结

通过对阶段性蓄水移民安置实施方案、移民安置方式、逐年补偿标准、进度计划调整和库周非搬迁基础设施改善等进行专题研究，解决了糯扎渡水电站移民安置实施过程中出现的问题，确保了移民安置工作顺利推进，保障了糯扎渡水电站按期完成建设，产生了较好的社会和经济效益。

（1）基于糯扎渡水电站围堰截流及下闸蓄水时间节点和控制性水位，昆明院分析提出了围堰截流阶段居民搬迁和土地征用对策措施、下闸蓄水阶段分三期通过移民安置专项验收的移民安置实施方案。使得糯扎渡水电站移民安置任务分期、分阶段有节奏地稳步推进，有效地解决了澜沧江公司围堰截流阶段和下闸蓄水阶段办理土地使用手续的问题，既均衡了各阶段移民安置难度，又能妥善地安置移民，为主体工程的顺利推进创造了条件。

（2）通过对大农业安置方式和逐年补偿安置方式的对比研究，对于环境容量充足的村组提出仍采取大农业安置方式，对于环境容量不足的村组创新性地提出了"逐年补偿加少土安置"的安置方式，库区和安置区移民可根据自身生产技能和环境容量，科学合理地选择适宜的安置方式。

（3）在分析比选"淹多少，补多少"标准、当地城镇居民最低生活保障标准、全库区最少人均耕地等三种逐年补偿标准的基础上，分析提出了糯扎渡水电站逐年补偿标准参照当地城镇居民最低生活保障标准的建议，并成功应用到糯扎渡水电站移民安置逐年补偿工作中，产生了较好的效果。

（4）通过分析论证当时的移民安置实施进度，针对实施进度相对滞后的项目提出相应的计划调整内容和保障措施，并提出对应的保障措施费用。最后通过相关各方的紧密配合和共同努力，确保移民安置工作顺利通过了分期专项验收，保障了糯扎渡水电站 2011 年 11 月如期下闸蓄水的目标。

（5）针对非搬迁移民提出对村组基础设施进行改善的诉求，创新性地开展了库周非搬迁移民村组基础设施改善研究工作，提出对库周非搬迁移民村组就地生产安置人口占村组剩余总人口的比例大于等于 30% 的非搬迁村组进行基础设施改善。实施过程中，地方政府还统筹了后期扶持和扶贫项目资金，确保了非搬迁村组基础设施改善项目发挥效益，促进了地方经济社会发展，营造了和谐稳定的库区环境。

第6章

移民安置效果

　　糯扎渡水电站建设征地区属高山峡谷地区，社会基础设施薄弱，经济社会发展水平相对滞后。糯扎渡水电站建设不仅推进了我国可再生资源开发、改善了能源结构、保证了国家能源安全，还对库区移民生产生活水平、移民住房条件和居住环境的提升以及当地基础设施改善、城镇化发展水平提高、地方经济社会发展和产业结构调整都产生了较大的推动作用。

　　在糯扎渡水电站移民安置工作实施过程中，省搬迁安置办加强领导、澜沧江公司积极参与、设计单位全程技术把关、地方政府高效推进，确保了移民安置工作高效顺利地实施完成。其中：枢纽工程建设区移民安置工作从 2004 年开始，至 2006 年顺利实施完成；水库淹没影响区移民安置工作从 2009 年开始，至 2013 年顺利实施完成，并先后于 2011 年 11 月、2012 年 4 月和 2013 年 3 月通过了省搬迁安置办组织的专项检查验收。

6.1　农村移民安置效果

　　规划设计水平年糯扎渡水电站共涉及农村生产安置人口 48571 人，其中采取大农业安置 22432 人、逐年补偿安置 26106 人、自行安置 33 人；涉及农村搬迁安置人口 23925 人，其中规划集中安置点 57 个，集中安置 18285 人，分散安置 5640 人。

　　在糯扎渡水电站农村移民安置过程中，普洱市和临沧市提出多渠道多形式安置移民的要求，昆明院据此开展了农村移民安置方式和逐年补偿安置标准的专题研究工作，对农村移民安置方式等进行了反复分析论证。2009 年，原省移民开发局以云移澜〔2009〕11 号文批复同意实行逐年补偿多渠道多形式移民安置方式后，地方政府多次深入现场征求移民意愿，对于愿意采取逐年补偿安置方式的移民，均按照逐年补偿安置方式实施，并为移民在安置区配置 0.3～0.5 亩的耕地，以满足其基本口粮田需求；对于不愿意采取逐年补偿方式仍要求按照大农业安置方式安置的移民，积极筹措土地，确保移民尽快恢复生产生活。

　　对于搬迁安置移民，大部分集中安置点规划在集镇附近、交通方便、就医和就学便利的平坝区域，且安置点选址均通过 75％ 以上移民同意后方才开展后续工作。所有安置点在充分征求移民意愿的基础上开展详细规划设计，在统一完成"三通一平"等基础设施建设后，移民陆续入场建房。在移民房屋建设过程中对安置点的总体布局、房屋朝向、移民宅基地面积等存在意愿变更的及时开展变更设计，在保证移民安置效果的同时还确保了移民安置工作合法、合规。

　　因此，糯扎渡水电站农村移民安置完成后，移民生产水平及生活条件均得到了极大改善和提升，为移民后续发展奠定了坚实的基础。

6.1.1　移民生产水平

6.1.1.1　移民生产条件得到较大改善

　　搬迁前，受制于库周自然环境，移民生产方式较为粗放，库区群众大部分在山坡地、望天田等进行家庭式种植，部分库区甚至还存在"刀耕火种""轮耕地"的原始生产方式。移民生产收入主要是靠天吃饭、广种薄收，生产水平较为落后。再加上库周原有的基础设施落后，移民种植的农作物基本以自给自足为主，经济效益较差。

搬迁后，当地不具备基本生产条件的移民均外迁到耕作条件较好、经济活跃的平坝地区，集中安置点均按照移民意愿选择在交通便利、生活方便的集镇周边地区。为移民流转的土地均配置了满足运输和灌溉需求的公路和水利灌溉设施，移民占有的土地资源数量虽有所下降，但大部分安置区的土地质量、区位、交通、水利等耕作条件均得到大幅的提升。移民种植农作物逐步由传统的玉米、大米等粮食作物向经济作物转变，移民种植的农作物除自给自足外，还通过集镇农贸市场转变成为商品，并产生了较好的经济效益，移民生产方式开始由"粗放型"向"集约型"转变。

如镇沅县太和安置点移民搬迁前位于距离太和集镇约50km的澜沧江江边，搬迁前移民土地资源位于澜沧江江边山坡地带，移民主要种植玉米等粮食作物，且种植的农作物以自给自足为主，由于交通条件落后，多余农作物无法外运，不能产生经济效益。搬迁后，为移民配置的土地就在安置点附近，依靠配置的水利沟渠设施，移民大力发展了葡萄、西番莲等种植产业，农作物全部通过镇沅县太和乡太和集贸市场进行交易，经济效益有大幅度提高。同时，部分思想意识较现代化的移民已从繁重的传统农业生产中解放了出来，从事了旅馆经营、农家乐经营、农产品交易等二三产业，大部分移民已基本实现了小康的生活目标。搬迁前后移民生产条件对比如图6.1-1所示。

(a) 搬迁前　　　　　　　　　　　　　　　(b) 搬迁后

图 6.1-1　搬迁前后移民生产条件对比图

6.1.1.2　移民生产资源和劳动力变化

总体来说，糯扎渡水电站移民搬迁后耕地占有水平从搬迁前的3.14亩/人降低到2.2亩/人，平均降低了0.94亩/人，当地农村劳动力逐步从农村向城镇化转移。糯扎渡水电站库区劳动力就业比例从搬迁前的90.5%增长到94.72%，平均增长了4.22个百分点；劳动力非农就业比例从搬迁前的9.18%增长到12.47%，平均增长了3.29个百分点。搬迁后糯扎渡水电站移民生产资源和劳动力就业变化趋势如图6.1-2所示。

6.1.1.3　移民经济收入增长较快、收入来源多元化

据调查统计，搬迁前糯扎渡水电站涉及村组农村居民年度总收入为3400~4600元/(人·年)，搬迁安置后移民收入水平得到了较大幅度的提高，当地居民年度总收入为

（a）移民生产资源变化情况 （b）移民劳动力就业变化情况

图 6.1-2 移民生产资源和劳动力就业变化趋势图
（数据来源于《澜沧江糯扎渡水电站 2017 年度移民安置独立评估报告》）

12000～14000 元/(人·年)，移民总收入增长了 2～2.52 倍。移民收入来源主要从粗放型的传统家庭种植和养殖收入调整为集约化的经营性、工资性和转移性收入为主，移民经营性收入、工资性收入和转移性收入明显增加，移民收入来源不断向多元化方向发展。

糯扎渡水电站枢纽工程建设区和围堰截流区移民主要采取了传统的大农业安置方式，地方政府及时为该部分移民集中配置了连片的土地，并建设了配套的水利灌溉设施和公路交通设施，该部分移民结合后期产业扶持项目发展了特色种植产业。如澜沧县柏木箐安置点移民利用自身特殊地理位置优势，引导移民发展晚熟芒果种植产业，并建立合作社巩固产业发展规模，创建了移民村自己的支撑产业，使移民逐步走上了发家致富之路。

水库淹没区移民主要采取了大农业安置和逐年补偿安置两种安置方式。大农业安置移民集中配置的土地均位于安置点附近的平坝地区，移民土地资源集中成片，生产灌溉用水通到了移民田间地头。如景谷县永平村松盘山安置点结合移民已有种植和养殖经验，建立合作社引导移民发展西番莲种植产业和高原特色肉牛养殖产业，为移民村乡村振兴打下了坚实的基础。对于采取逐年补偿安置方式的移民，由于大部分安置点位于集镇附近，便于发展二三产业，大部分移民依靠定期发放的逐年补偿费用、养殖性收入和外出务工等转移性收入，即可确保其基本的生产生活保障。随着当地经济社会的发展和移民外出务工人员的增多，当地居民非农业的工资性和转移性收入有一定的增长，其中工资性收入占比从12.57％增长到 21.61％，平均增长了 9.04 个百分点。

6.1.1.4 特色种植和养殖产业迅速发展

由于糯扎渡库区地处偏远少数民族地区，农村经济结构单一、生产方式落后。移民搬迁安置后，结合前期流转土地资源和后期扶持规划，推行"农户＋合作社＋龙头企业"的新型产业发展模式，以搬迁安置点或村民小组为单位，因地制宜地发展起了特色种植和养殖产业。

此外，库区和安置区移民的种植和养殖结构也逐步发生了变化。首先，移民生产方式从"广种薄收""粗放"的耕作方式转变为"精耕细作"的集约型生产方式。移民种植农作物从传统粮食作物调整为以经济作物为主，这些经济作物对种植技术和管理水平的要求较高，使得移民生产水平较搬迁前有了较大的提高。结合库周交通、电力、水利、通信等基础设施的不断完善，库区和移民安置区各种"集约型"种植和养殖产业如雨后春笋般地得到了迅猛发展，移民的"钱袋子"鼓了起来，为后续发展奠定了坚实的基础。

如普洱市景谷县松盘山安置点移民利用原有肉牛和黑山羊养殖经验，成立农村互助合作社，引进龙头企业发展肉牛和黑山羊养殖产业，使移民逐步走上了发家致富之路；普洱市澜沧县三等新寨、景谷县扎巴山和芒令安置点、临沧市双江县贺六安置点等移民结合安置区自身特殊地理优势，先后发展了晚熟芒果、西番莲、水果甘蔗、核桃、竹笋等高原特色种植产业，创建了移民村自己的支撑产业，为移民村乡村振兴打下了坚实的基础。

6.1.1.5 移民二三产业发展

随着社会经济的飞速发展和城镇化进程的逐渐加快，我国农村大量的劳动力由农业向非农产业和城市转移。在糯扎渡水电站移民安置过程中，26106人选择了逐年补偿安置。这部分移民中，约40%利用库周剩余土地资源，仍从事农业生产生活；约60%移民属于文化素质和技术水平较高、生产经营和谋生技能较强、离开土地照样能维持生活的移民，该部分移民结合土地补偿费用，已迅速发展了旅游、制造、建筑、住宿和餐饮等二三产业。

如普洱市思茅区冬谷田安置点位于思茅—澜沧二级公路旁，依托便利的交通设施和安置点的总体布局目前已发展成了"糯扎渡第一村"；澜沧县龙潭安置点依托地理位置优势，自发形成了街场，成为当地繁华的商业街区，搬迁后原毫无商品经济意识的农民也通过开办餐馆旅店、从事农副产品营销、参与电站建设、输送建材和提供生活后勤保障等途径提高了家庭收入，促进了移民二三产业的发展；景谷县益智乡白米田和柚木地安置点移民依托电站蓄水形成的水库发展了库区渔业和旅游产业，促进了库区水资源的综合利用。

6.1.1.6 劳动技能提升

搬迁前，移民生产生活主要以"粗放型""单家独户"的传统农业种植和养殖为主，由于建设征地区域地处偏远、移民劳动技能低，移民劳动收入长期处于较低端的水平。

搬迁后，随着库周的特色种植业、养殖业和二三产业发展，以及通过对当地干部和移民的宣传和多次技能培训，移民"集约型"种植和养殖的思想观念逐步提升，移民文化水平、劳动技能、商业意识等都得到了显著提高。

此外，对移民进行有针对性的生产技术和就业技能培训，使他们能够尽快地适应新的环境和土地、尽快地恢复和发展生产生活，为移民的可持续发展也奠定了技术基础。

6.1.2 移民生活条件

糯扎渡水电站建设征地和移民安置区地处山高谷深、交通闭塞、少数民族杂居、经济落后、工业基础薄弱的山区和半山区地区。地方政府以糯扎渡水电站移民安置为契机，积极改善移民安置区和库周公路、桥梁、电力、人畜饮水、农田水利、通信等基础设施，大力开展地方基础设施建设，成为助推周边县（区）经济社会快速发展的"引擎"。

6.1.2.1 住房条件

在移民安置过程中，移民安置点均按照国家相关政策法规进行规划设计，每个安置点均按照当地风俗习惯规划设计了3个典型户型以供移民选择。移民户均建设用地标准根据

《普洱市人民政府办公室关于进一步加强农村宅基地管理工作的通知》（普政办发〔2013〕177 号）的规定提高到 240m²/户。对于人均房屋补偿费不足以建盖 25m² 砖混结构房屋的，在原有房屋补偿费的基础上，按基本用房标准进行补足；对于移民建房费用仍不足的，各县（区）人民政府还出台了贴息贷款建房政策，以确保移民顺利完成新房建设；对于需采取临时过渡措施的移民，还进行了临时建房费用补助。同时，为考虑当地少数民族特色要求，还集中建设了少数民族安置点，各家各户移民房屋按照统一的少数民族风格进行建设。

总体来说，搬迁前后移民最显著的变化就是住房条件得到了跨越式发展。搬迁前，移民住房以土木竹瓦房为主，部分贫困移民甚至还是土坯屋、石棉瓦房；搬迁后，移民全部搬迁入住新房，移民房屋调整为以砖混结构住房为主，移民砖混结构住房比例从 9.88% 增长到 100%，增长了 90.12 个百分点。搬迁后，移民房屋面积均有所提高，移民人均房屋面积从搬迁前的 22.39m²/人增长到 42.27m²/人，人均面积增长了 19.88m²/人。搬迁前后移民住房条件对比如图 6.1-3 所示。

（a）搬迁前　　　　　　　　　　　　　（b）搬迁后

图 6.1-3　搬迁前后移民住房条件对比图

6.1.2.2　环境卫生条件

搬迁前，移民居住房屋和基础设施都较为简陋和落后。移民村庄布置较为随意，没有统一规划，居民点没有统一的污水和垃圾处理设施，垃圾随处乱扔，污水随意排放，居民居住条件和环境卫生水平较差。

为改善移民安置人居环境，糯扎渡水电站各移民安置点均实现了雨污分流。为满足安置点粪便污水收集处理需求，还集中建设了公厕和化粪池，污水处理站均布设在安置点外围低洼处，与污水排放口对接，污水依靠重力自流至污水处理站，然后通过污水处理构筑物处理，处理污水达标后排入就近箐沟和下游水体。安置点生活垃圾采用"户分类—村收集—垃圾填埋"的处理方式，对于当地移民户的厨余垃圾配置泔水桶，能基本实现有机垃圾自行回收另作他途（喂养禽畜、肥田等）的目的，生活垃圾中无机物先进入到安置点内的垃圾收集池，后通过集中转运，最后进行集中处理。

搬迁后，移民安置点基本做到了场地平整、布局整齐、街道硬化、雨污分流、绿化亮化、设施齐全、环境优美。移民新房建设完成后，大部分移民新房窗明几净，卫生间、厨房功能配套齐全，内外装修装潢，移民新房提前达到小康水平，营造了宜人的人居环境。

与搬迁前相比，搬迁后糯扎渡水电站移民基本实现了集中供水和稳定用电，移民户基本实现了"水泥路通到家门口",实现了家家通水、通电、通网和生活垃圾集中处理等。再加上后期扶持资金和地方其他项目资金的投入,糯扎渡水电站大部分移民安置点均完成了美丽乡村建设,打造出了一个个"美丽乡村·小康库区"。搬迁前后居民点环境卫生对比如图 6.1-4 所示。

（a）搬迁前   （b）搬迁后

图 6.1-4   搬迁前后居民点环境卫生对比图

6.1.2.3   安置点场内道路及对外交通设施

搬迁前,糯扎渡水电站移民村组的场内道路和对外交通设施比较落后,由于场内道路和对外道路的排水设施不完善、路基基础不稳定、路面为土路面等多种原因,85%的移民出行道路基本是"雨季水泥路、干季扬灰路"的状况,给移民出行带来了很大困难。

"要致富、先修路","公路通、百业兴",建设征地区各级地方政府已充分认识到农村公路在经济社会发展和广大移民生产生活中的重要作用。因此,搬迁后移民安置点场内道路全部按照水泥混凝土路面的标准进行了改复建,非搬迁移民村组的串户道路也在原路基基础上全部进行了硬化处理,移民户基本实现了"水泥路通到家门口"。此外,为满足移民搬迁需求,还对移民搬迁期间的临时运输道路按照 1.5 万元/km 的标准进行了补助,有效解决了库周原交通不便、物资搬迁难度大的问题。搬迁前后居民点场内道路对比如图 6.1-5 所示。

（a）搬迁前   （b）搬迁后

图 6.1-5   搬迁前后居民点场内道路对比图

6.1.2.4   生活用水设施

搬迁前,糯扎渡水电站建设征地区属云南省边远山区,地处澜沧江河谷两岸、山高坡陡，涉及的移民村组生活用水大多引用山泉水和箐沟水，由移民各户自行从就近水源点接水管引水至移民户，大部分移民村组无蓄水池和净水设施。正常年份水源水量保障基本能满足生活用水要求，干旱年份生活用水水量保障相对困难。

搬迁后，移民安置统一规划了生活用水设施，水源点按照就近原则进行选择，并确保水源点水质、水量、用水保证率等满足移民生产生活要求。自水源点建立净水厂，通过自来水管接引到安置点附近高位蓄水池后，通过蓄水池管接用水至移民户。输水管道和管道连接方式充分结合安置区地理环境进行选择。

搬迁后，各安置点基本实现了自来水入户，移民生活用水条件得到了较大改善。此外，非搬迁移民村组和后靠安置移民的生活用水设施也全部进行了建设，实现了自来水引水入户。在正常年份，移民生活用水得到了充分保障。

6.1.2.5 生活用电设施

搬迁前，建设征地涉及的移民村组大部分均已通电，全部为电网供电，通电保证率为100%，但局部村组由于变压器容量不足，常因为用电负荷超标等原因而出现断电现象，用电保证率不高。因此，部分移民在生活中功率稍大的家用电器基本不能使用。

搬迁后，移民安置点进行统一电网规划，各移民安置点和后靠安置移民全部为电网供电，接入改造后的农村电网，且各移民安置点均根据安置规模配设了相应容量的变压器，移民用电负荷要求得到了充分保障。搬迁后，生活中常规的家用电器基本都能正常使用，移民生活用电基本已从搬迁前的"谨慎用电"转变为"任性用电"，移民生活用电条件较搬迁前有较大改善。

6.1.2.6 文化教育设施

搬迁前，糯扎渡水电站建设征地区和库区边远偏僻、交通不便、经济落后，加之地方政府长期投入不足，文、教、卫等社会文化发展非常落后。库周部分学校校舍破旧，缺乏教学设备；移民子女就学路程较远，上学困难；学校卫生设施设备简陋，缺少集体办公、文化、娱乐场所。

搬迁后，按照国家相关政策标准对移民社区文化教育设施等进行配套建设。新建的小学全部按照框架结构标准进行校舍建设，配套的文化教育设施、文化活动场所、少数民族宗教设施等齐全。搬迁安置后，移民子女就学条件得到较大改善，安置区当地居民也从中受益，当地文教卫等社会事业通过移民搬迁安置得到发展，丰富了移民群众的精神文化生活。搬迁后学校等硬件设施得到极大提升，适龄儿童就学距离和就学时间均大幅减少，师资力量也得到了极大提高。

6.1.2.7 医疗、公共卫生设施

从医疗条件来看，搬迁安置前各村委会大多设有卫生室，但村委会卫生室条件极为简陋，仅有常用药品，几乎没有相应的医疗器械，多数仅有一名当地村医，村医未受过专业的医疗培训，仅能为村民提供较为简单的医疗服务。同时，除村委会所在地的村民小组外，各村民小组均无卫生室，村民小组村民看病需到村委会卫生室。

搬迁后，各安置区均根据安置点规模配套建设了医疗站、卫生室等公共卫生设施，且地方政府均为移民安置点医疗站、卫生室等配设了相应的医疗器械和医生，可基本满足移民的常规医疗需求。同时，搬迁后移民安置点均位于交通主干道附近，交通方便，移民可

到乡卫生所或村委会看病就医，医疗条件较搬迁前得到了极大改善。

从公共卫生设施条件来看，搬迁前由于居民点地处边远，医疗、卫生设施条件相对落后，大部分居民点都采取雨污合流；生活污水不经处理，即随处排放；生活垃圾和牲畜垃圾随处摆放；虽然大部分移民家庭均有厕所，但以旱厕为主，有水冲厕的村组较少；大部分村民小组均没有建设公厕。搬迁后，移民卫生设施条件得到了极大改善，居民点采取雨污分流、环境优美；人畜垃圾均实现了分离处理；移民安置点的生活污水经污水处理后，再排放到附近箐沟；在集中安置点还统一建设了公厕，同时移民家庭均建设了厕所，且大部分移民家庭由原来的旱厕改造为水冲厕，家庭卫生条件得到了极大改善。

6.1.2.8　民族文化建设

糯扎渡水电站库区属于少数民族、边疆和贫困地区，当地社会发展程度低，社会事业基础薄弱，贫困面大，移民人口综合文化素质不高。随着移民搬迁后生产生活环境的改变，社会事业基础设施的改善和提高，一定程度上改变了移民的思维方式、思想观念、生产方式和生活习惯，进一步促进了移民社会文明进步，加快了移民社会发展速度。

移民搬迁后，各安置点均建设了文化室、活动室，文化室中陈列了大量的文化教育、劳动技能提升书籍，移民空余时间可自行到文化室翻阅相关书籍，以提升自身文化素质和劳动技能。此外，为了营造一个和谐、卫生的生活环境，移民村组还制定了村规民约，用于规范移民言行举止，提高移民文化素质。

糯扎渡水电站移民搬迁安置带来了先进的生产力和文化，促进了移民社会、文化和思想观念的进步，改变了当地居民"人畜混居"习惯。传统生活方式产生变革、改变环境的同时也改变了人，当地居民一些落后的思想观念发生了显著变化，卫生意识、环境保护意识等明显增强。

搬迁后，移民通过各种新闻媒体及时了解当前的形势和发生在身边的大小事情，搬迁后大多数移民更关注农业科技信息和科学文化。近年来在移民的家庭支出结构中，教育支出所占全年消费比例增长较大。

6.1.2.9　民风民俗设施建设和村庄风貌建设

糯扎渡水电站建设征地移民主要涉及汉、傣、拉祜、哈尼、佤等十几个民族，少数民族人口占移民总人口的60%以上，移民安置工作充分考虑了少数民族特有的风俗习惯和移民与安置区居民民族性融合的问题。

在糯扎渡水电站移民安置过程中，少数民族安置点均按照民族特色要求建设主体房屋，并打造了少数民族特有的彝族、傣族等风貌建筑。为恢复少数民族移民原有的风俗习惯，部分少数民族安置区附近还新建了宗教场所，新建了少数民族的民风民俗设施，如傣族佛寺、少数民族寨门、村碑、寨心、土主和庙房等设施。

6.2　集镇迁建处理效果

糯扎渡水电站建设征地影响的集镇为景谷县益智集镇，迁建后益智集镇在原集镇上游进行重建。在益智集镇建设过程中，昆明院开展了修建性详细规划设计，并经省搬迁安置办组织审查后，提交景谷县组织实施。目前，益智新集镇已建成并投入使用，既恢复了集镇的原有功能，还打造成了依山傍水、风格独特、错落有致的云南特色小镇。

6.2.1　集镇总体布局效果

由于糯扎渡水电站建设征地区地处偏远山区，原集镇位于地势狭窄的缓坡地带，后缘为陡岩，地质条件和地基稳定性较差。同时，原集镇规模较小，集贸市场散乱、不集中，配套设施不齐备，集镇功能不完善。此外，原集镇个体工商户的摊位和门面分布零散、不成规模，集镇的市场管理粗放、混乱，大部分时间属于无人监管模式。

迁建完成后，新集镇规划在地质条件良好和场地稳定的区域，新集镇规模和标准全部按照国家相关政策标准进行统筹建设，并适当考虑了集镇的远期发展规划。集贸市场、商业街和公共服务设施均布置在相对完善的集中经营场所。集镇市场管理配套了服务设施完善的集中管理模式。

搬迁前，益智集镇基本都是在当地经济社会发展过程中自发形成的，当地居民组织自行生产经营和个体工商活动。搬迁后，新集镇进行了系统规划和总体布局，整体布局较搬迁前更优化、更合理、更宜居。迁建完成后，益智新集镇打造成了依山傍水、风格独特、错落有致、别有韵味的云南特色小镇。

搬迁前，益智集镇没有设置门面，仅有部分摊位，且摊位分散凌乱，没有集中的管理部门，当地居民赶集期间通过摊位进行交易活动。搬迁后，街场整体规划了门面和摊位，进行了集中管理，并建设了配套的水厂、变电站、通信基站和有线电视网络设施，对于迁建影响的行政事业单位、企业单位、个体工商户等，全部在新集镇进行重建，不仅确保了集镇的政治、经济、商贸、文化中心地位，还提升了集镇的辐射范围和影响度。益智集镇迁建前后总体布局对比如图 6.2-1 所示。

　　　　　（a）迁建前　　　　　　　　　　　　　　　　（b）迁建后

图 6.2-1　益智集镇迁建前后总体布局对比图

6.2.2　集镇基础设施建设

迁建后，益智集镇全部按照国家相关法规政策和规范进行整体规划和建设，集镇活动场地、场内道路、供水、供电等基础设施均远远超过了老集镇的水平。

6.2.2.1　活动场地及场内道路

搬迁前，集镇活动场地主要以泥土路面为主，活动场地没有进行硬化，没有建设规范化道路，也没有草坪等相应的保护措施。

迁建后，益智集镇公共基础设施得到了提升改造。景谷县益智集镇场内道路两旁都装上了路灯，集镇篮球场、公厕等基础设施均已建设完成，集镇形象和品位得到了大幅提升。此外，益智新集镇活动场地进行了规范化处理，活动场地为草坪场地，并配套建设了400m 的橡胶跑道。益智集镇迁建前后活动场地对比如图 6.2-2 所示。

（a）迁建前　　　　　　　　　　　　　　（b）迁建后

图 6.2-2　益智集镇迁建前后活动场地对比图

6.2.2.2　对外交通设施

搬迁前，益智集镇对外交通设施主要以机耕路和四级公路为主，路面标准为土路面和水泥混凝土路面。益智老集镇对外交通为四级公路，路面为水泥混凝土路面，但由于配套的公路排水、排污设施不完善，路面经常出现积水、积污现象，对移民的出行造成了一定影响。

搬迁后，益智集镇对外交通设施全部按照四级公路标准进行建设，路面均为水泥混凝土路面，且对道路排水、排污设施进行了统一规划，确保了移民出行安全。由于益智新集镇搬迁至老集镇对面的威远江山坡上，为与集镇原有出行道路衔接，还在威远江上新建了2 座桥梁连接至集镇原出行道路，确保了移民出行需求。

6.2.2.3　供水供电设施

搬迁前，益智集镇供水设施也基本实现了自来水到户，但供水水管老化，设施陈旧，在正常年份水源水量基本能满足生活用水要求，干旱年份生活用水水量保障相对困难。搬迁后，移民安置统一规划了生活用水设施，在水源点建立净水厂，通过自来水管接引到集镇附近高位蓄水池后，通过蓄水池管接用水至各户，全部实现了自来水入户，移民生活用水条件得到了较大改善，在正常年份，集镇生活用水得到了充分保障。

6.2.2.4　医疗及卫生条件

迁建后，集镇卫生院医疗条件极大改善，益智集镇建起了医院综合楼，并设有诊断室、抢救室、病房、新农合办公室、产房、B超室等科室，增加了一大批先进的医疗设备，医务队伍不断壮大，医疗综合服务水平和能力进一步得到提高，进一步满足了当地群众的医疗卫生服务需求。

6.2.3　集镇功能恢复

益智集镇迁建完成后，集镇教育、医疗卫生、行政、商贸等各项基础设施和配套公建设施均已投入使用并全部恢复功能，个体工商户已全部完成搬迁并开始恢复经营，集镇作为乡域行政、集贸、文化中心的功能已全部恢复，能够满足集镇和周边居民日常生产生活需求。

此外，新建集镇尊重地方自然生态系统的基本理念，围绕"山水园林城镇、生态宜居集镇"的目标，打造出了一个个生态宜居小镇。集镇迁建完成后，既恢复了新建城镇的综合功能系统，又还原了当地特有的生态宜居系统，提升了集镇生态环境质量。从集镇功能角度讲，新建的行政事业单位、医院、学校、快递（物流）公司、信用社、银行、超市等设施使得迁建新集镇既时髦又前卫；从生态环境角度讲，"山—水—山"的整体布置、山水相间的构造、随处可见的绿化设施，以及观景台、环形廊道等设施使得新集镇既生态又宜居。

6.3　专业项目处理效果

糯扎渡水电站建设征地影响专业项目主要包括：处理企事业单位 88 家，改复建三级公路 63.33km、四级公路 138.8km、机耕路 166.8km，改复建电力线路 60km，其中 110kV 电力线路 15km、10kV 电力线路 35km，处理文物古迹 25 处。

由于糯扎渡水电站地处云南偏远地区，库周原有道路、桥梁、水库、电力以及通信设施等专业项目标准较低。在移民安置过程中，对于没有改建必要的专业项目，按照专业项目建设成本进行补偿处理；对于需要改复建的专业项目和配套设施等均通过设计单位的经济性和技术性分析论证后，按照行业标准和要求进行统一规划、统一设计、统一建设。各专业项目的单项工程设计成果通过省搬迁安置办审查后，提交地方政府组织实施，实施完成后通过了行业部门组织的专项竣工验收，并移交当地政府进行管理和使用。

目前，各专业项目均按照不低于"原规模、原标准"进行改复建后投入使用，各专业项目功能均已得到全面恢复。

6.3.1　交通设施

搬迁前，库区移民村庄大多不通等级公路，少部分村庄虽有道路，但道路等级低、排水设施不完善、路面窄且坑洼不平、通行能力较弱。澜沧江库区交通闭塞一直制约着当地人流、物流和区域经济社会的发展。

糯扎渡水电站移民安置道路建设充分与地方交通道路发展相结合，不但为移民安置点建设了对外出行道路，还将原来"晴通雨阻"的简易乡村道路提高到了等级公路或机耕路标准，提高了道路通行能力。同时，糯扎渡水电站库周交通恢复与普洱市地方交通建设相结合，通过资金拼盘形式补助建设了碧云大桥、景临大桥、曼海大桥和南岭桥至新城道路等，大桥的建成对库区澜沧县、景谷县、思茅区和临翔区等移民群众出行，促进库区及周边地区经济社会发展具有重要意义。

经初步统计，糯扎渡水电站移民安置过程中共投入库周交通设施建设资金 11.91 亿元，极大地改善了移民出行条件，对库区经济社会发展起到了极大的促进作用。移民村寨通公路比例从搬迁前的 40% 提高到 100%，公路入户率由 5% 提高到 60%，等级路和高质量路面的比例由 3% 提高到 35%，移民交通设施条件得到了显著改善。

景谷县景临大桥和碧云大桥改建前后对比情况如图 6.3-1 和图 6.3-2 所示。

（a）老景临大桥 　　　　　　　　　　　（b）新建景临大桥

图 6.3-1　糯扎渡水电站淹没影响的景临大桥改建前后对比图

（a）老碧云大桥 　　　　　　　　　　　（b）新建碧云大桥

图 6.3-2　糯扎渡水电站淹没影响的碧云大桥改建前后对比图

6.3.2　农田水利设施

农田水利设施是农业发展的命脉，移民搬迁前，库区农田水利设施较少，移民土地存在大量的望天田、轮耕地，移民生产用水难以保障，当地农业生产受气候、降雨等影响较大，农业生产活动几乎是"靠天吃饭"的现象。

糯扎渡水电站移民搬迁安置后，兴建了大量的农田水利工程，不仅解决了移民农业生产灌溉用水，还使周边非移民群众受益，移民安置促进了地方农田水利设施迅速发展。糯扎渡水电站移民生产安置共建设了普洱市泡猫河水库、金竹林水库、柏木箐水库、幸福水库、四五大沟、大沙坝水库、白沙田水库等若干农田水利工程，解决了移民生产和灌溉用水需要，极大地促进了移民安置区农田水利发展。

6.3.3　供电、供水、通信、广播电视设施

搬迁前，由于移民村寨地处澜沧江陡坡地带，仅部分移民村寨能实现供电、供水、通信、广播电视设施全覆盖，且设施老旧，断电、断水现象时有发生。

搬迁后，移民村庄全部实现了通电、通水、通路，广播、电视、电信网络设施全覆盖；移民生活用电、用水入户，移民生产生活用电、生活饮用水用水保证率提高；移民普遍用上了电话、手机，开通了有线电视。

搬迁后，居民点供水、供电、通信、广播电视设施全部按照行业标准进行规划设计后，由地方政府委托行业主管部门进行改（复）建。在建设过程中，由于地理环境的变化导致原设计方案不符合当地实际的，设计单位现场复核后根据当地实际进行变更设计；地方行业主管部门对建设标准和建设方案提出意见和建议的，综合设计单位组织进行进一步复核和分析研究，力求建设方案既满足其恢复原功能，又满足地方行业主管部门建设和运营期间的要求。

如景谷县益智集镇库周电力设施原设计采用电杆的建设方案，在实施过程中由于原设计期间的橡胶幼苗已成长为大橡胶树，电力线路通道砍伐将占用较大数量的橡胶园地，在增加投入的同时对当地老百姓也造成极大的损失。因此，在设计单位进行方案综合比选并征求当地电力部门和移民意愿后，电杆建设方案调整为铁塔建设方案。

6.4　促进地方经济发展效果

6.4.1　财政收入

水电建设对地方直接的经济贡献就是税收。2006 年，国家调整三农政策，全面减免了农业税，二三产业成为了地方税收的主要来源。在这期间，糯扎渡水电工程的建设以及所带动发展的第三产业自然就成了地方财政收入的最大支撑体。糯扎渡水电工程计划建设工期约 11.5 年，工程总投资超 450 亿元。在工程建设期间，大量使用的水泥、钢材、木材、油料、施工用水用电等产生的税款及工程建设支付的耕地占用税、植被恢复费等都极大地促进了地方的税收。

此外，在糯扎渡水电站建设征地移民安置工作过程中，澜沧江公司严格依照国家有关法律法规和规程规范要求，及时向地方政府税务、国土、林业、水利等部门足额缴纳了耕地占用税、森林植被恢复费、耕地开垦费等相关税费，为电站所在地普洱市和临沧市提供了稳定的税费支撑，极大地提高了地方财税收入，极大地支持和促进了地方经济社会发展。

据初步统计，普洱市 GDP 比重由 2006 年的 11.8% 提高到 2009 年的 36.4%，上升幅度为 24.6 个百分点；普洱市实现 GDP 年均增长 13.2%，高于同期云南省平均水平 2.3 个百分点。业主营地驻地普洱市思茅区的人均 GDP 从 10226 元提高到了 17810 元，增加了 74%，年均增长 15.6%，超过了同期普洱市 13.2% 的平均水平。

6.4.2 经济增长

随着电站投资的带动，地方 GDP 也在同期呈现明显的增长趋势，电站投资对地方 GDP 增长具有明显的拉动作用。

6.4.2.1 普洱市

普洱市位于云南省西南部，是云南省面积最大的市级行政区，糯扎渡水电站建设征地涉及普洱市思茅区、澜沧县、景谷县、镇沅县、宁洱县和景东县共 6 个县（区）。普洱市的澜沧县和思茅区是糯扎渡水电站的坝址所在地。

至 2009 年，普洱市全市国民生产总值达 202.1 亿元，占云南省的 3.3%，产业结构由 2005 年的 31.6∶31.7∶36.7 调整到 2009 年的 31.6∶31.6∶36.8，产业结构变化较小。农村居民人均纯收入从 2005 年的 1553 元增长到 2009 年的 2954 元。2009 年普洱市财政收入 16.6 亿元。

糯扎渡电站 2006—2009 年建设期间，电站投资占普洱市 GDP 的比重由 2006 年的 11.8% 提高到 2009 年的 36.4%，上升幅度为 24.6 个百分点；普洱市实现 GDP 年均增长 13.2%，高于同期云南省平均水平 2.3 个百分点；电站投资对 GDP 年度增长率的贡献值（贡献值＝电站投资增长率/GDP 增长率）分别达到 1.5、2.1、2.8、5.0 个百分点，并呈现逐步升高的趋势，平均贡献率达 2.8 个百分点。

6.4.2.2 临沧市

近年来随着糯扎渡水电站的建设，临沧市的综合实力明显提高，2009 年生产总值达到 177.1 亿元，占云南省的 2.9%，产业结构由 2005 年的 37.4∶30.4∶32.2 调整为 2009 年的 35.1∶33.1∶31.8。临沧市农村居民人均纯收入从 2005 年的 1346 元增长到 2009 年的 2730 元。

6.4.3 经济社会发展

糯扎渡水电站是云南省单项投资最大的工程，项目总投资近 500 亿元，约有 100 亿元以上资金在当地成为消费基金。巨额投资发挥了强大的拉动作用，形成了巨大的资金流，直接带动了地方经济的迅速发展。

借助糯扎渡水电站工程建设的机遇，2004 年普洱市政府对思澜公路进行全面的改扩建，将糯扎渡镇和糯扎渡第一村那澜—思茅港镇有机地联系在一起，形成一条畅通的交通道路，改善了澜沧县至普洱市的交通出行条件，同时带动了糯扎渡镇和思茅港镇的电力、通信等设施的建设，地方基础设施建设得到明显改善。

当地居民再也不用背着包袱到发达地区打工，在家门口就能就业，在家门口就能领上工资，这笔可观的工资收入成了移民家庭经济的主要来源。"糯扎渡第一村"就是因为糯扎渡水电站的建设而逐渐发展起来的集镇，集镇上大大小小的商铺有几十家，其中有一大半都是当地百姓自行经营的。

交通设施的改善为地方经济的发展铺开了一条平坦的大道，糯扎渡水电工程大批的施工队伍进驻电站施工区，他们所带来的大量人流、物流、信息流给糯扎渡镇带来了商机，也冲击着当地百姓生产方式和消费方式的转变，百姓的经济意识变得越来越强。有人流的地方就会有消费，有消费就能产生经济效益。糯扎渡水电工程的建设带来了大量的流动人口，流动人口的涌入带来消费的增长，在电站施工区的施工队伍平均 8000 多人，高峰时期达上万人。施工区大量的流动人口为普洱市社会消费品的销售总额做出了重要的贡献。

大量施工人员的进驻促进了肉类、蔬菜等副食品销售的持续增长，也带动了当地饮食服务业、文化娱乐等第三产业的迅速发展，农副产品、装饰建材、电器、家具等市场也不断涌现，为农民发展种植业、养殖业、农副产品加工业等提供了广阔的市场；电站的建设对建材、运输、金融、保险等配套产业形成了巨大的需求，有力地促进了地方经济发展。糯扎渡水电工程自 2004 年筹建以来，普洱市每年都有上千名农村劳动力在电站从事劳动和后勤服务工作，月工资都在 1800～3000 元，有力地增加了当地农民的经济收入。

6.4.4 城镇化发展进程

随着澜沧江糯扎渡水电站的开发建设，大量资金、物资、人员涌入坝址区，使坝址区成为投资的热土，地方政府结合电站建设形成的商业环境大力招商引资，推动了当地城镇化进程。

在电站建设带来的巨大商机刺激下，糯扎渡水电站施工区附近的移民点迅速发展成为电站服务的集镇和街场，如糯扎渡电站澜沧县龙潭街场、柏木箐安置点，思茅区冬谷田安置点等。

6.4.5 产业结构调整

由于糯扎渡库区地处偏远少数民族地区，搬迁前周边县区经济结构单一、生产方式落后。糯扎渡水电站移民安置后，地方产业结构逐步从"广种薄收"的传统农作物种植和"粗放型"牲畜养殖产业转变为"一村一品"的集约型特色种植和养殖产业，移民村根据自身地理优势找准了发展方向，形成了自己的支撑产业，走出了一条发家致富之路。

此外，部分文化素质较高、生产技术和商业意识较强的移民还率先发展了旅游、制造、建筑、住宿和餐饮业等二三产业，地方产业结构已逐步从单一化向多元化方向发展。

6.5 本章小结

党的十九大报告提出"坚持在发展中保障和改善民生。增进民生福祉是发展的根本目的。"《关于做好水电开发利益共享工作的指导意见》（发改能源规〔2019〕439 号）指出，"统筹协调水电建设与促进地方经济发展和支持移民脱贫致富、移民搬迁安置与后续发展需要……使移民在依法获得补偿补助基础上，更多地分享水电开发收益。"在相关各方高度重视、积极配合、高效推进移民安置工作下，糯扎渡水电站农村移民、集镇和专业项目等都得到了迅速发展，库区移民实现了与项目业主分享水电开发收益的目标，为地方政府巩固脱贫攻坚成果，为移民村组实现乡村振兴战略，都打下了坚实的基础。

1. 农村移民收入水平迅速增长、人居环境大幅提升

结合安置期间为移民配置的土地资源和后期产业扶持措施，农村移民收入水平迅速增

长，移民生产方式逐步从"广种薄收""粗放型"的耕作方式转变为"精耕细作"生产方式，移民思想观念逐步提升，种植作物逐步从传统粮食作物向经济作物转移，移民劳动力从事非农产业活动的比例逐步上升，移民谋生手段和收入来源也不断走向多元化。同时，移民利用自身特殊地理位置优势，还因地制宜地发展了配套的农村产业，基本实现了"一村一品"特色产业发展，有了自己的支撑产业，移民的"钱袋子"也迅速鼓了起来。

此外，移民从地质条件较差、交通闭塞、基础设施简陋的澜沧江江边，搬迁至集镇附近、资源充足、经济活跃、交通方便、就医就学便利的平坝区域后，移民安置点均进行统一规划、统一建设。移民均搬迁入住新房，移民新房窗明几净、内外装修装饰完善，卫生间、厨房功能配套齐全。移民户实现了家家通水、通电、通路、通网和生活垃圾集中处理，大部分移民已提前达到小康住宅水平，营造了宜人的人居环境。

2. 集镇功能进一步完善

淹没影响的景谷县益智集镇进行恢复重建，并投入使用。改建新集镇既恢复了原有功能，还按照"山水园林、生态宜居"的目标，将益智集镇打造成了依山傍水、风格独特、错落有致、别有韵味的云南特色小镇。益智集镇的政治、经济、文化和商贸等功能得到了进一步完善。

3. 专业项目统筹发展、基础设施更趋完善

糯扎渡水电站淹没影响的交通、水利、水电、通信等专项设施均按照相关行业标准进行改（复）建，并结合地方基础设施发展，采取资金拼盘的方式进行统筹建设。再加上文化室、活动室、卫生室等公共设施的打造，移民基础设施更趋完善，移民生产生活条件逐步提高，移民精神文化生活丰富多彩，营造了和谐稳定的库区环境。

第 7 章

结论与展望

7.1 结论

糯扎渡水电站由于项目庞大，整个工程建设周期漫长，涉及的建设征地移民安置工作具有周期跨度长、工程量大、涉及面广等特点，水电站建设征地移民安置规划及实施自 2004 年项目筹备阶段，到 2011 年第一期下闸蓄水，2014 年 9 台机组全部顺利投产发电，2015 年主体工程完工，在参与各方齐心协力的努力下，较好实践了"集体智慧、责任担当、科学创新"的理念，在面对政策、指标、方案、移民意愿等多方面因素变化中，积极探索移民安置工作新思路、新方法，顺利推进了移民安置工作，满足了主体工程建设进度要求，取得了非常好的移民安置效果。

（1）糯扎渡水电站移民安置工作历时 30 余年，移民安置法规和补偿政策经历了不断的演变和发展，政策逐步完善，对顺利推进各个阶段、各个时期的移民安置工作提供了重要支撑，发挥了重要作用。移民工作的管理体制进一步完善，规范了移民安置规划的编制程序，强化了移民安置规划的法律地位；提高了移民对安置工作的参与程度，扩大了移民的知情权、参与权和监督权；安置方式开始多样化，并且出现专门配套政策，补偿补助项目逐步向移民倾斜，涉及项目增多，标准逐步提高；税费政策发展迅速，调整较大；支撑的政策、措施涵盖面广、形式多样、针对性强、执行到位、效果显著。

（2）糯扎渡水电站移民生产安置方式由传统的农业安置为主调整为逐年补偿多渠道多形式的安置方式后，糯扎渡水电站搬迁人口由 4.44 万人减少至约 2.7 万人。首先，从整个项目的角度，减少了移民投资，降低了项目业主前期融资压力；其次，从地方政府工作的角度，减轻了地方政府搬迁安置压力，满足了水电站提前下闸蓄水要求；再次，从环境保护方面来说，由于减少了土地资源配置的要求，减少了新开垦耕园地，减轻了对环境的破坏及水土流失；最后，从移民自身的角度，既保证了移民收入长期稳定，生活得到保障，又可利用配置的土地资源进行多元化发展，为其他项目提供了借鉴和参考。减轻移民安置工作压力、确保移民安置工作顺利推进，解放农村劳动力，助力产业模式转变，移民群众与项目业主实现了利益共享。

（3）糯扎渡水电站移民安置规划设计跨度时间长，涉及的行业项目多，在十多年的时间跨度内，相关移民乃至其他行业的法规政策和规程规范均发生了不同程度的变化。设计部门充分利用技术的前瞻性在具体规划设计问题上，出谋划策，集思广益，为政府、项目业主和相关利益方决策提供了重要的科学依据。各级部门实事求是开展实物调查、细化工作，尊重历史，科学合理、客观公正地对糯扎渡水电站实物指标工作存在的相关问题进行处理，按照国家及云南省的相关规定要求进行了实物指标公示和确认，确保相关工作依法依规，并为后期移民生产搬迁安置工作的开展奠定了基础。在农村移民安置规划上充分尊重移民意愿，广泛听取政府与群众的意见，科学规范地开展移民生产安置、搬迁安置等规划设计工作。在安置点地点的选择上充分根据现有生产安置方式结合就近、分散和城镇化等多种方式科学合理地开展相关工作，糯扎渡水电站移民生产安置在传统的以土安置为主，二三产业、自谋职业、投亲靠友安置方式为辅的生产安置方式基础上引入了逐年补偿安置方式，给广大的移民群众增加了选择，实现了让移民群众与水电开发实现利益共享的目的，同时安置方式的多样化也减轻了移民安置的工作压力，确保了工程按时推进。在安置点勘察设计和基础设施的配套规划设计过程中，各方充分尊重移民意愿，听取地方政府的意见，在设计院的科学规划，提供相关方案的基础上，各方通过充分讨论，以相对超前的理念明确工作思路和方法，有效推进了安置点和配套基础设施的建设，确保了移民能及时搬迁安置，及早地实现移民生产生活的恢复。

（4）在糯扎渡水电站移民安置推进过程中，由于主体工程提前两年蓄水发电，普洱市和临沧市人民政府在原审定大农业安置基础上提出多渠道多形式方式安置移民的要求，以及库周非搬迁移民提出改善村组基础设施的诉求等多方面原因，设计单位昆明院开展了农村移民安置方式、逐年补偿标准、阶段性蓄水、进度计划调整和库周非搬迁基础设施改善等专题研究工作。专题研究成果成功应用到糯扎渡水电站移民安置工作中，使得糯扎渡水电站移民安置任务分期、分阶段地按照计划有针对性、有节奏地稳步推进，为糯扎渡水电站提前两年蓄水发电创造了条件，确保了主体工程提前蓄水发电、提前产生效益，推动了库周移民村组的经济社会稳步发展，营造了和谐稳定的库区环境。

（5）为助推地方扶贫攻坚，提出了库周非搬迁移民村组基础改善项目。通过完善通村组道路、组内道路硬化，统筹各方资金规划建设，基本解决村内道路泥泞、村民出行不便等问题，形成库周村组主要交通道路体系。完善村组公共服务设施建设，结合地方生活习惯和民俗，建设小组活动室、篮球场或其他活动广场，便于村组开展公共活动及民主议事活动，促进农村文化生活发展，改善村组精神文明面貌，提升农村基本公共设施服务能力和水平。完善村组厕所建设，合理选择改厕模式，推进厕所革命，按照群众接受、经济适用、维护方便、不污染公共水体的要求，按需建设不同水平的农村厕所。完善村组生活垃圾收集处理设施建设，按农村生活垃圾收运处置体系规划，建设符合库区村组实际、方式多样的生活垃圾收集设施，改善垃圾山、垃圾围村、垃圾围坝等现象，保持村庄整洁。

（6）糯扎渡水电站建设征地移民安置实施执行了"政府领导、分级负责、县为基础、项目法人参与"的管理模式。为推动糯扎渡移民安置工作，参与单位形成了一套行之有效的管理机制，实施中参与单位相互配合，各尽其职，有效地推动了移民安置工作。糯扎渡水电站移民安置管理组织机构设置完善、各方职责明确是推动糯扎渡移民安置实施管理的组织保证。移民安置实施管理政府重视、管理措施方法到位是顺利推进移民工作的保障。项目业主秉承"切实履行社会责任，促进流域周边和谐发展"的理念，随着社会进步和经济发展，在水电站建设过程中，切实履行社会责任，促进流域周边和谐发展。设计、监理、评估单位认真履行职责，是推动糯扎渡水电站建设征地移民安置工作的技术支撑。咨询审查既科学严谨又灵活机动，为糯扎渡水电站建设征地移民安置工作的开展把关护航。

7.2　展望

党的十九大报告把乡村振兴战略与科教兴国战略、人才强国战略、创新驱动发展战略、区域协调发展战略、可持续发展战略、军民融合发展战略并列为党和国家未来发展的

"七大战略"。实施"乡村振兴"战略，核心是从根本上解决"三农"问题。中央制定实施乡村振兴战略，是要从根本上解决目前我国农业不发达、农村不兴旺、农民不富裕的"三农"问题。通过牢固树立"创新、协调、绿色、开放、共享"五大新发展理念，达到生产、生活、生态的"三生"协调，促进农业、加工业、现代服务业的"三业"融合发展，真正实现农业发展、农村变样、农民受惠，最终建成"看得见山、望得见水、记得住乡愁、留得住人"的美丽乡村、美丽中国。糯扎渡水电站移民安置工作经过数十年的探索与实践，积累了大量的实践经验和成果。结合党的十九大提出的"深化农村集体产权制度改革，保障农民财产权益，壮大集体经济"等要求，后水电时代的移民安置必将顺应时代发展趋势，借鉴创新实践经验，积极探索新时代的移民安置工作思路。根据新形势新政策的要求，对创新水电工程移民安置提出如下建议：

（1）完善糯扎渡水电站水电开发共享机制。糯扎渡水电站移民采取逐年补偿安置方式后，通过每年的货币化获得了糯扎渡水电站的水电开发收益，与水电站的正常运行息息相关。由于企业经营可承受一定的经济损失，而移民的逐年补偿收益则关系到广大移民群众的切身利益，因此未来还需完善资金保障机制，将移民的逐年补偿利益与当前水电价格挂钩，把移民应该享受到的利益纳入电价中，完善移民与糯扎渡水电站水电开发的共享机制。

（2）目前糯扎渡水电站的逐年补偿安置的标准与云南省各个流域及同流域不同梯级的水电站之间的标准不一致，糯扎渡水电站执行的"对人不对地"的模式也与部分水电站的"对地不对人"存在较大差异。《云南省人民政府关于进一步做好大中型水电工程移民工作的意见》（云政发〔2015〕12号）主要是从大的原则方面明确了逐年补偿安置方式，但在操作模式上未进行具体统一，在一定程度上增加了逐年补偿安置方式政策执行的难度，容易引起不平衡。由于糯扎渡水电站采取了"对人不对地"的模式，同时制定了统一的逐年补偿标准，总体上在该区域内减少了不平衡与攀比的影响，但从长远来讲，建议云南省人民政府研究出台全省统一的逐年补偿安置方式操作细则以及增长机制。

（3）糯扎渡水电站采取逐年补偿安置方式后移民的土地资源配置减少。从传统大农业安置方式来讲，配置的土地除了能够产生经济效益之外还能解决移民的就业问题，逐年补偿通过货币化的方式解决了土地的受益问题，但移民的后期发展问题应与当地的产业发展规划、后期扶持规划有效衔接起来。建议糯扎渡水电站涉及各县（区）在移民的后续发展方面应与地方产业发展规划、后期扶持规划有效衔接。各级人民政府和地方移民主管部门重视逐年补偿后移民就业和收入提高的问题，重点通过后期扶持加强对移民安置区的产业升级改造和创造就业，同时加强移民技能培训，为移民创造条件，提供机会，多渠道、多形式解决移民就业问题。

（4）重视移民安置区防雷设施规划的前置性。糯扎渡水电站移民安置点规划设计中，针对常规的防洪、抗震、消防设计的同时，提出了防雷设施的布置。由于很多安置项目实施完成后增加防雷设施建设，导致防雷设施建设方案只能采取单一的铁塔方案。建议在以后的移民安置点规划设计中，应提前考虑防雷的规划，在移民建房过程中，主动引导移民采取必要的防雷措施。

（5）加强糯扎渡水电站移民管理队伍建设。糯扎渡水电站移民安置工作已开展十多年，各县（区）移民管理部门从工作初期的国土部门下属机构，到单独成立移民局，后期逐渐改革为事业单位，成立了搬迁安置办公室。由于糯扎渡水电站移民验收工作尚未完成，地方移民管理机构及人员变动频繁，很多同志对于糯扎渡水电站移民工作的历程、政策变化及存在的问题均了解较少，在糯扎渡水电站移民安置工作收尾前，各县（区）仍需加强重视移民干部队伍的建设管理工作。

参 考 文 献

［1］　中国水电顾问集团昆明勘测设计研究院. 云南省澜沧江糯扎渡水电站可行性研究阶段移民安置规划设计报告专题-水库-02（审定本）［R］. 2004.

［2］　中国水电顾问集团昆明勘测设计研究院. 云南省澜沧江糯扎渡水电站招标设计阶段建设征地及移民安置实施规划设计工作细则［R］. 2004.

［3］　张宗亮，董绍尧. 糯扎渡水电站枢纽布置研究［J］. 水力发电，2005，31（5）：37-39.

［4］　中国水电顾问集团昆明勘测设计研究院. 云南省澜沧江糯扎渡水电站长效补偿标准分析专题报告［R］. 2009.

［5］　中国水电顾问集团昆明勘测设计研究院. 云南省澜沧江糯扎渡水电站枢纽工程建设区建设征地移民安置实施规划报告［R］. 2009.

［6］　中国水电顾问集团昆明勘测设计研究院. 云南澜沧江糯扎渡水电站移民安置规划大纲［R］. 2009.

［7］　中国水电顾问集团昆明勘测设计研究院. 云南省澜沧江糯扎渡水电站建设征地及移民安置规划报告［R］. 2009.

［8］　中国水电顾问集团昆明勘测设计研究院. 云南省澜沧江糯扎渡水电站农业移民安置"淹多少，补多少"的长效补偿安置方式分析报告［R］. 2010.

［9］　中国水电顾问集团昆明勘测设计研究院. 云南省澜沧江糯扎渡水电站建设征地移民安置进度计划调整可行性论证报告［R］. 2011.

［10］　中国水电顾问集团昆明勘测设计研究院. 糯扎渡水电站水库库底清理设计报告［R］. 2011.

［11］　何亚丽. 水电工程移民安置点规划设计的探讨［J］. 水力发电，2012，38（10）：13-16，46.

［12］　刘海，于德万. 水利水电工程建设征地移民安置规划相关问题的探讨［J］. 东北水利水电，2013，31（5）：66-67.

［13］　中国水电顾问集团昆明勘测设计研究院. 云南省澜沧江糯扎渡水电站水库淹没影响企业处理规划专题报告［R］. 2013.

［14］　唐良霁. 糯扎渡水电站围堰截流和分期蓄水移民安置规划设计研究［D］. 南京：河海大学，2013.

［15］　薛舜. 糯扎渡水电站移民安置区环境容量研究［D］. 南京：河海大学，2014.

［16］　中国电建集团昆明勘测设计研究院有限公司. 云南省澜沧江糯扎渡水电站水库库周非搬迁移民村组基础设施改善费用分析计算报告［R］. 2017.

［17］　云南省移民开发局，水电水利规划设计总院. 云南省大中型水利水电工程移民安置方式实践与创新研究［R］. 2017.

［18］　王奎. 云南省水电水利工程移民安置方式实践与创新［M］. 北京：中国水利水电出版社，2018.

［19］　中国电建集团华东勘设计研究院有限公司. 澜沧江糯扎渡水电站2017年度移民安置独立评估报告［R］. 2018.

索　引

《大国重器 中国超级水电工程·糯扎渡卷》
编辑出版人员名单

总责任编辑：营幼峰

副总责任编辑：黄会明　王志媛　王照瑜

项目负责人：王照瑜　刘向杰　李忠良　范冬阳

项目执行人：冯红春　宋　晓

项目组成员：王海琴　刘　巍　任书杰　张　晓　邹　静
　　　　　　李丽辉　夏　爽　郝　英　李　哲

《征地移民创新技术》

责任编辑：王照瑜　刘向杰

文字编辑：王照瑜　李忠良

审稿编辑：黄会明　柯尊斌　刘向杰

索引制作：唐良霁

封面设计：芦　博

版式设计：吴建军　孙　静　郭会东

责任校对：梁晓静　黄　梅

责任印制：崔志强　焦　岩　冯　强

排　　版：吴建军　孙　静　郭会东　丁英玲　聂彦环

Contents

Preface I

Preface II

resettlers in Nuozhadu Hydropower Station have been greatly improved. Resettlement promotes the adjustment and development of local industrial structure. A large amount of investment in infrastructure construction by resettlement has accelerated the development of local urbanization and improved the level of local culture, education, health and social undertakings.

The first chapter is written by Huang Jian and Feng Hongwei, the second by Tang Liangji, the third and seventh by Xue Shun, Li Junlei and Zhu Hongyu, the fourth by Tang Daofeng, Li Shuang, Feng Hongwei and Zhang Guodong, the fifth by He Shijiang, the sixth by Xian Enwei and He Shijiang, the whole book is edited by Zhu Zhaocai and Li Hongyuan, compiled by Tang Liangji and reviewed by Wang Caifang.

This book is mainly based on the feasibility study of land acquisition and resettlement of Nuozhadu Hydropower Station in the construction of Nuozhadu Hydropower Station by China Power Construction Group Kunming Engineering Co., Ltd. (hereinafter referred to as Kunming Engineering Co., Ltd) as well as the original Provincial Resettlement and Development Bureau (changed to Yunnan Provincial Relocation and Resettlement Office in November 2018), General Institute of Hydropower and Water Conservancy Planning and Design, Huaneng Lancang River Hydropower Co., Ltd. (hereinafter referred to as Lancang River Company), former "Pu'er City Resettlement and Development Bureau" and former "Lincang City Resettlement Development Bureau", compilation of the implementation management results of the development bureau (changes to the relocation and resettlement office at the provincial level) and other units. In the process of preparing this book, we have received strong support and help from the governments of 9 counties (districts) in the two cities involved in the resettlement of the Nuozhadu Hydropower Station and the resettlement management departments. We would like to express our sincere thanks to the above units!

Editors
Feb 2021

country. From Zhaqu in Tibet to Xishuangbanna in Yunnan, 22 cascade hydropower stations are planned in the whole main stream, with a total installed capacity of 28. 69 million kW. Nuozhadu Hydropower Station is the second reservoir and the fifth stage in the hydropower development plan of "two reservoirs and eight cascades" in the middle and lower reaches of Lancang River. The storage capacity, installed capacity and annual power generation of Nuozhadu Hydropower Station are the largest among the eight cascades, which is an important control project. The land acquisition and resettlement of Nuozhadu Hydropower Station involves nine counties (districts) in Pu'er and Lincang cities of Yunnan province except Simao district, Linxiang district and Yun county, the other six counties are ethnic minority autonomous counties. Most of its land acquisition areas are inhabited by ethnic minorities, mainly including more than 20 ethnic groups, such as Han, Dai, Yi, Hani, Lahu, Wa, Bai and Bulang. Each ethnic group has its own national language and customs. The total area of land acquisition for the project construction is 342.26km² around, involving 48,571 rural production resettlement population, 27,049 resettlement population, 57 planned rural centralized resettlement points and 3 town streets and yards to be reconstructed (reconstructed). After the construction of Nuozhadu Hydropower Station was started in 2004, the resettlement work began. Throughout the resettlement of Nuozhadu Hydropower Station, the main characteristics are as follows: Firstly, the resettlement work has experienced the alternation of new and old immigration laws and regulations. Secondly, the resettlement mode of the reservoir inundation affected area has been adjusted from agricultural resettlement to annual compensation. Thirdly, combined with the construction progress of the main project, the overall resettlement schedule is advanced by 2 years. Fourthly, after the implementation of the resettlement project in the reservoir inundation affected area, due to the change of resettlement willingness, there are design changes in resettlement. Due to the heavy task, tight time, complex situation, large policy adjustment and other factors, many practices and innovations have been made in resettlement policy application, resettlement planning and design, resettlement management and so on. Especially under the situation that the compensation and resettlement of the whole province are implemented in the transitional period, put forward the operable annual compensation and resettlement policy. After years of resettlement practice, the production and living standards and living conditions of the

The energy industry is an important basis for the development of the national economy, and hydropower resources are renewable and clean energy sources under the situation of increasingly tense traditional energy sources on the earth, countries in the world generally give priority to the development of hydropower resources. China is the most abundant country in the world, and water energy resource is an important renewable energy resource in China. After the founding of the People's Republic of China, especially since the reform and opening up, with the needs of economic and social development, the country has accelerated the construction of water conservancy and hydropower projects. With the rapid development of hydropower construction and the rapid development of engineering technology, some large hydropower projects have been built one after another. China has developed from a weak country in hydropower to a major and powerful country in the world. "China Hydropower" is completing a historic transformation from "integration" to "leadership".

The "Notice of the General Office of the State Council on Printing and Distributing the Energy Development Strategic Action Plan (2014 – 2020)" (Guobanfa [2014] No 31) states: "On the premise of doing a good job in ecological environment protection and resettlement, we should actively and orderly promote the construction of large-scale hydropower bases, focusing on the Jinsha River, Yalong River, Dadu River, Lancang River and other rivers in Southwest China." According to the national "The 13th Five-Year Plan for National Economic and Social Development of China" outline, focusing on hydropower development in Southwest China, the construction of 60 million kW of conventional hydropower will be started. As a high-quality clean renewable energy, hydropower plays an important role in the national energy security strategy.

The Lancang River Basin is one of the 12 largest hydropower bases in our

key technologies for real-time monitoring of construction quality of high core rockfill dams, such as the real-time monitoring technology of the transportation process for dam-filling materials to the dam and the real-time monitoring technology of dam filling and rolling, and research and develop the information monitoring system, realize the fine control of quality and safety for the high embankment dams; the achievements won the second prize of National Science and Technology Progress Award, representing the technological innovations in the construction of water conservancy and hydropower engineering in China. The dam is the first digital dam in China, and the technology has been successfully applied in a number of 300m-high extra high embankment dams such as Changhe Dam, Lianghekou Dam and Shuangjiangkou Dam.

I made a number of visits to the site during the construction of the Nuozhadu Hydropower Project, and it is still vivid in my mind. The project has kept precious wealth for hydropower development in China, including practicing the concept of green development, implementing the measures for environmental protection and soil and water conservation, effectively protecting local fish and rare plants, generating remarkable benefits of significant energy saving and emission reduction, significant benefits of drought resistance, flood control and navigation, and promoting the notable results of regional economic development. Nuozhadu Project will surely be a milestone project in the hydro-power technology development of China!

This book is a systematic summary of the research and practice of the Nuozhadu HPP Project by the author and his team, and a high-level scientific research monograph, with complete system and strong professionalism, featured by integration of theory with practice, and full contents. I believe that this book can provide technical reference for the professionals who participate in the water conservancy and hydropower engineering, and provide innovative ideas for relevant scientific researchers. Finally the book is of high academic values.

Zhong Denghua, Academician of Chinese Academy of Engineering
Jan, 2021

construction technology to a new step and won the Gold Award of Investigation and Silver Award of Design of National Excellent Project. These projects represent the highest construction level of the of embankment dams in China and play a key role in promoting the development of technology of embankment dams in China.

The Nuozhadu Hydropower Project represents the highest construction level of embankment dams in China. Before the completion of the Project, China had built few core wall rockfill dams with a height of more than 100m, and the highest one is Xiaolangdi Dam (160m). The height of Nuozhadu Dam is more than 100m, which exceeds the scope of China's applicable specifications in force. The existing dam filling technology and experience can no longer meet the demands for extra-high core wall rockfill dam. Under the conditions of high head, large volume, and large deformation, the extra-high core wall rockfill dam faced great challenges in terms of seepage stability, deformation stability, dam slope stability and seismic safety, for which systematic and in-depth studies are required. An Industry-University-Research Collaboration Team, led by Zhang Zongliang, the chief engineer of POWERCHINA Kunming Engineering Corporation Limited and National Engineering Design Master, has carried out more than ten years of research and development and engineering practice. The team has achieved a lot of innovations in such technological fields as impermeable soils mixed with artificially crushed rocks and gravels, application of soft rock for the dam shell on the upstream face, static and dynamic constitutive models for soil and rock materials, hydraulic fracturing mechanism of the core wall, calculation and analysis method of cracks, a set of design criteria, and the comprehensive safety evaluation system, which have reached the international leading level and ensured the safe construction of the dam. The dam is operating well, and the seepage flow and settlement of the dam are both far smaller than those of similar projects built at home and abroad, and it is e-valuated as a *Faultless Project* by the Academician Tan Jingyi.

In terms of dam construction technology, I am also honored to lead the Tianjin University team to participate in the research and development work and put forward the concept of controlling the construction quality of high embankment dams based on information technology, and research and solve the

Learning that the book *Pillars of a Great Powers-Super Hydropower Project of China Nuozhadu Volume* will soon be published, I am delighted to prepare a preface.

Embankment dams have been widely used and developed rapidly in hydropower development due to their strong adaptability to geological conditions, availability of material sources from local areas, full utilization of excavated materials, less consumption of cement and favorable economic benefits. For highland and gorge areas of southwest China in particular, the advantages of embankment dams are particularly obvious due to the constraints of access, topographical and geological conditions. Over the past three decades, with the completion of a number of landmark projects of high embankment dams, the development of embankment dams has made remarkable achievements in China.

As a pioneer in the field of hydropower investigation and design in China, POWERCHINA Kunming Engineering Corporation Limited has the traditional technical advantages in the design of the embankment dams. Since 1950s, POWERCHINA Kunming has successfully implemented the core wall dam of the Maojiacun Reservoir (with a maximum dam height of 82.5m), known as "the first earth dam in Asia" at that time and has forged an indissoluble bond with the embankment dams. In the 1980s, the core wall rockfill dam of Lubuge Hydropower Project (with a maximum dam height of 103.8m) was featured by a number of indicators up to the leading level in China and approaching the international advanced level in the same period. The project won the Gold Awards both for Investigation and Design of National Excellent Project; in the 1990s, the concrete faced rockfill dam (CFRD) of the Tianshengqiao 1 Hydropower Project (with a maximum dam height of 178m) ranked first in Asia and second in the world in terms of similar dam types, and pushed China's CFRD

cation of this book is of important theoretical significance and practical value to promote the development of ultra-high embankment dams and hydropower engineering in China. In addition, it will also provide useful experiences and references for the practitioners of design, construction and management in hydropower engineering. As the technical director of the Employer of Nuozhadu Hydropower Project, I am very delighted to witness the compilation and publication of this book, and I am willing to recommend this book to readers.

Ma Hongqi, Academician of Chinese Academy of Engineering
Nov, 2020

technical achievements have greatly improved design and construction of earth rock dam in China, and have been applied in following ultra-high earth rock dams, like Changhe on Dadu River (with a dam height of 240m), Shuangjiangkou (with a dam height of 314m), Lianghekou on Yalong River (with a dam height of 295m) , etc.

The scientific and technical achievements of Nuozhadu Hydropower Projects won six Second Prizes of National Science and Technology Progress A-ward, and more than ten provincial and ministerial science and technology pro-gress awards. The project won a number of grand prizes both at home and a-broad such as the International Rockfill Dam Milestone Award, FIDIC Engi-neering Excellence Award, Tien-yow Jeme Civil Engineering Prize, and Gold Award of National Excellent Investigation and Design for Water Conservancy and Hydropower Engineering. The Nuozhadu Hydropower Project is a landmark project for high core rockfill dams in China from synchronization to taking the lead in the world!

The Nuozhadu Hydropower Project is not only featured by innovations in the complex works, but also a large number of technological innovations and applications in mechanical and electrical engineering, reservoir engineering, and ecological engineering. Through regulation and storage, it has played a major role in mitigating droughts and controlling flood in downstream areas and guar-anteeing navigation channels. By taking a series of environmental protection measures, it has realized the hydropower development and eco-environmental protection in a harmonious manner; with an annual energy production of 23,900 GW • h green and clean energy, the Nuozhadu Hydropower Project is one of major strategic projects of China to implement *West-to-East Power Transmis-sion* and to form a new economic development zone in the Lancang River Basin which converts the resource advantages in the western region into economic ad-vantages. Therefore, the Nuozhadu Hydropower Project is a veritable great power of China in all aspects!

This book systematically summarizes the scientific research and technical achievements of the complex works, electro-mechanics, reservoir resettlement, ecology and safety of Nuozhadu Hydropower Project. The book is full of de-tailed cases and content, with the high academic value. I believe that the publi-

search, all parties participating in the construction achieved many innovative a-chievements with China's independent intellectual property rights in fields of the investigation, testing and modification of dam construction materials for ul-tra-high core rockfill dams, design criteria and safety evaluation standards of core rockfill dam, digital monitoring on construction quality and rapid detection technology. Among them, there are two most prominent technology innova-tions. Firstly, the law that earth material of ultra-high core rockfill dam needs modification has been revealed for the first time. And complete technology that earth material needs modification by combining artificial crushed stones has been systematically presented. Since there are more clay particles, less gravels and high moisture content in natural earth materials of Nuozhadu Hydropower Project, it can meet the requirement of anti-seepage, but it fails to meet the re-quirements of strength and deformation of ultra-high core rockfill dam. There-fore, the natural earth material has been modified by combining 35% artificial crushed stones. Finally the strength and deformation modulus of core earth material increased, and deformation coordination between core and rockfill ma-terial achieved. Secondly, quality control technology of digitalized damming of high earth and rock dam has been studied, which is a pioneering work in the field of water resource and hydropower engineering in the aspect of national dig-italized and intelligentized construction. The quality control in the past was conducted by supervisors. But heavy workload and low efficiency may lead to o-missions. During Nuozhadu Hydropower Project construction, the technology of "digitalized dam" has realized the whole-day, fine and online real-time moni-toring onto the process of filling and rolling. Thus it has ensured the good construction of dam with a total volume of 34×10^6 m^3, and it was known as the great innovation of quality control technology in the world dam construc-tion.

Key technologies such as core earth material modification of high earth rock dam and "digitalized dam" proposed by Nuozhadu Hydropower Project have fundamentally ensured the dam deformation stability, seepage stability, slope stability and seismic safety. The operation of impoundment is good till now, and the seepage amount is only 15L/s which is the smallest among the same type constructions at home and abroad. In addition, scientific and

Preface I

Embankment dams, one of the oldest dam types in history, are most wide-ly used and fastest-growing. According to statistics, embankment dams account for more than 76% of the high dams built with a height of over 100m in the world. Since the founding of the People's Republic of China 70 years ago, about 98,000 dams have been built, of which embankment dams account for 95%.

In the 1950s, China successively built such earth dams as Guanting Dam and Miyun Dam; in the 1960s, Maojiacun Earth Dam, the highest in Asia at that time, was built; since the 1980s, such embankment dams as Bikou Dam (with a dam height of 101.8m), Lubuge (with a dam height of 103.8m), Xiaolangdi (with a dam height of 160m), and Tianshengqiao 1 (with a dam height of 178m) were built. Since the 21st century, the construction technology of embankment dams in China has made a qualitative leap. Such high embankment dams as Hongjiadu (with a dam height of 179.5m), Sanbanxi (with a dam height of 185m), Shuibuya (with a dam height of 233m), and Changhe Dam (with a dam height of 240m) have been successively built, indicating that the construction technology of high embankment dams in China has stepped into the advanced rank in the world!

The core rockfill dam of Nuozhadu Hydropower Project with a total installed capacity of 5,850 MW is undoubtedly an international milestone project in the field of high embankment dams in China. It is with a reservoir volume of 23,700 million cube meters and a dam height of 261.5m. It is the highest embankment dam in China (the third in the world). It is 100m higher than Xiaolangdi Core Rockfill Dam which was the highest one. The maximum flood release of the open spillway is 31,318m³/s, and the release power is 66,940 MW, which ranks the top in the world side spillway. Through joint efforts and re-

Informative Abstract

This book is a sub volume of *Innovative Technology for Land Acquisition and Resettlement*, Which is a national publishing funded project "*Great Powers-China Super Hydropower Project (Nuozhadu volume)*." First of all, this book summarizes main practices and innovation achievements of Nuozhadu Hydropower Station in the aspects of resettlement planning and design, application of resettlement compensation and subsidy policies, and resettlement management. Secondly, it focuses on the land acquisition and resettlement policies, technical standards, planning and design, resettlement methods and standards, adjustment of resettlement schedule plan during the construction of Nuozhadu Hydropower Station, and the implementation plan of the phased water storage resettlement, etc. And finally, it comprehensively analyzes the work organization and mechanism, and summarizes the implementation effects of the resettlement.

This book is available for reference by the staff of the government management, planning and design, supervision and evaluation, project construction management and other departments and units, as well as theoretical researchers engaged in land acquisition and resettlement of hydropower and water conservancy projects.

Great Powers - China Super Hydropower Project

(*Nuozhadu Volume*)

Land Acquisition and Resettlement Innovation Technology

Zhu Zhaocai Li Hongyuan Tang Jiangji Xue Shun Xian Enwei et al.

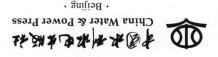

China Water & Power Press

· Beijing ·